공기업 기계직 전공필기

기출변형문제집 | 최신 경향 문제 수록

기계의 진리

장태용 · 유창민 · 이지윤 지음

BM (주)도서출판 성안당

도서 A/S 안내

성안당에서 발행하는 모든 도서는 저자와 출판사, 그리고 독자가 함께 만들어 나갑니다.

좋은 책을 펴내기 위해 많은 노력을 기울이고 있습니다. 혹시라도 내용상의 오류나 오탈자 등이 발견되면 "좋은 책은 나라의 보배"로서 우리 모두가 함께 만들어 간다는 마음으로 연락주시기 바랍니다. 수정 보완하여 더 나은 책이 되도록 최선을 다하겠습니다.

성안당은 늘 독자 여러분들의 소중한 의견을 기다리고 있습니다. 좋은 의견을 보내주시는 분께는 성안당 쇼핑몰의 포인트(3,000포인트)를 적립해 드립니다.

잘못 만들어진 책이나 부록 등이 파손된 경우에는 교환해 드립니다.

저자 e-mail : jv5140py@naver.com (장태용)

본서 기획자 e-mail : coh@cyber.co.kr (최옥현)

홈페이지 : http://www.cyber.co.kr 전화 : 031) 950-6300

들어가며

현재 시중에는 공기업 기계직과 관련된 전공 기출 문제집이 많지 않습니다. 이에 따라 시험을 준비하고 있는 사람들은 기사 문제나 여러 공무원 기출 문제 등을 통해 공부하고 있어서 공기업 기계직 시험에서 자주 출제되는 중요한 포인트를 놓칠 수 있습니다. 이에 필자는 공기업 기계직 시험을 직접 응시하여 최신 경향을 파악하고 있고, 이를 바탕으로 문제집을 만들고 있습니다.

최근 공기업 기계직 전공 시험 문제는 개념을 정확하게 알고 있는가, 정의를 정확하게 이해하고 있는가에 중점을 두고 출제되고 있습니다. 이에 따라 본서는 자주 등장하는 중요 역학 정의 문제와 단순한 암기가 아닌 이해를 통한 해설로 장기적으로 기억될 뿐만 아니라 향후 면접에도 도움이 될 수 있도록 문제집을 만들었습니다.

[이 책의 특징]

● 최신 경향 기출문제 수록

저자가 직접 시험에 응시하여 문제를 풀어보고 이를 바탕으로 한 100% 기출 문제를 수록했습니다. 공기업 기계직 시험에 완벽히 대비할 수 있도록 해설에는 관련된 모든 이론, 실수할 수 있는 부분, 암기법 등을 수록했습니다. 또한, 중요 문제는 응용할 수 있도록 문제를 변형하여 출제했습니다.

● 모의고사 3회, 질의응답, 필수이론, 3역학 공식 모음집 수록

최신 기술문제뿐만 아니라 공기업 기계직 시험에 더욱더 대비할 수 있도록 모의고사 3회를 수록하였습니다. 또한, 여러 이론을 쉽게 이해할 수 있도록 질의응답과 자주 출제되는 필수 이론을 수록하여 중요한 개념을 숙지할 수 있도록 하였습니다. 마지막으로 3역학 공식 모음집을 수록하여 공식을 쉽게 익힐 수 있도록 하였습니다.

● 변별력 있는 문제 수록

중앙공기업보다 지방공기업의 전공 시험이 난이도가 더 높습니다. 따라서 중앙공기업 전공 시험의 변별력 문제뿐만 아니라 지방공기업의 전공 시험에 대비할 수 있도록 실제 출제된 변별력 있는 문제를 다수 수록했습니다.

공기업 기계직 기출문제집 [기계의 진리 시리즈]를 통해 전공 시험에서 큰 도움이 되었으면 합니다. 모두 원하시는 목표 꼭 성취할 수 있기를 항상 응원하겠습니다.

– 저자 장태용

중앙공기업 vs. 지방공기업

저자는 과거 중앙공기업에 입사하여 근무했지만 개인적으로 가치관 및 우선순위가 맞지 않아 퇴사하고 다시 지방공기업에 입사했습니다. 중앙공기업과 지방공기업을 직접 경험해 보았기 때문에 각각의 장단점을 명확하게 파악하고 있습니다.

중앙공기업과 지방공기업의 장단점은 다음과 같이 명확합니다.

중앙공기업(메이저 공기업 기준)	지방공기업(서울시 및 광역시 산하)
[장점] • 대기업에 버금가는 고연봉 • 높은 연봉 상승률 • 사기업 대비 낮은 업무 강도 (다만 부서마다 업무 강도가 다름) • 지방 근무는 대부분 사택 제공	**[장점]** • 연고지 근무에 따른 만족감 상승 • 평균적으로 낮은 업무 강도 및 워라벨 (다만 부서 및 업무에 따라 다름) • 지방 근무는 대부분 사택 제공
[단점] • 순환 근무 및 비연고지 근무	**[단점]** • 중앙공기업에 비해 낮은 연봉 • 중앙공기업에 비해 낮은 연봉 상승률

어떤 회사든 자신이 원하는 가치관을 모두 보장할 수는 없지만, 우선순위를 3~5개 정도 파악해서 가장 근접한 회사를 찾아 그에 맞는 목표를 설정하는 것이 매우 중요합니다.

> **가치관**과 **우선순위**에 맞는 **목표** 설정!!

공부방법

효율적인 공부방법

1. 일반기계기사 과년도 기출문제를 먼저 풀고, 보기와 문제를 모두 암기하여 어떤 형식으로 문제가 출제되는지 파악하기
2. 과년도 기출문제와 관련된 이론을 모두 암기하기
3. 일반기계기사의 모든 이론을 꼼꼼히 암기하기
4. 위 과정을 적어도 2~3회 반복하여 정독하기

1. 과년도 기출문제만 풀고 암기하는 분들이 간혹 있습니다. 하지만 이러한 방법은 기사 자격증 시험 합격에는 무리가 없지만, 공기업 전공시험을 통과하는 데에는 그리 큰 도움이 되지 않습니다.

2. 여러 책을 참고하고, 공기업 기출문제로 어떤 것이 출제되었는지 확인하여 부족한 부분과 새로운 개념을 익힙니다.

3. 각종 공무원 7, 9급 기계공작법, 기계설계, 기계일반 기출문제를 풀어보고 모두 암기합니다.

4. 문제 풀이방과 저자가 운영하는 블로그를 적극 활용하며 백지 암기방법을 사용합니다. 또한, 요즘은 역학의 기본 정의에 관한 문제가 많이 출제되니 역학에 대해 확실히 대비해야 합니다.

5. 암기 과목에서 50%는 이해, 50%는 암기해야 하는 내용들로 구성되어 있다고 생각합니다. 예를 들어 주철의 특징, 순철의 특징, 탄소 함유량이 증가하면 발생하는 현상, 마찰차 특징, 냉매의 구비조건 등 무수히 많은 개념들은 이해를 통해 자연스럽게 암기할 수 있습니다.

6. 전공은 한 번 공부할 때 원리와 내용을 제대로 공부하세요. 세 가지 이점이 있습니다.

- 면접 때 전공과 관련된 질문이 나오면 남들보다 훨씬 더 명확한 답변을 할 수 있습니다.
- 향후 취업을 하더라도 자격증 취득과 관련된 자기 개발을 할 때 큰 도움이 됩니다.
- 인생은 누구도 예측할 수 없습니다. 취업을 했더라도 가치관이 맞지 않거나 자신의 생각과 달라 이직할 수도 있습니다. 처음부터 제대로 준비했다면 그러한 상황에 처했을 때 이직하기가 수월할 것입니다.

1 시험에 대한 자세와 습관

쉽지만 틀리는 경우가 다반사입니다. 실제로 저자도 코킹과 플러링 문제를 틀린 적이 있습니다. 기밀만 보고 바로 코킹으로 답을 선택했다가 틀렸습니다. 따라서 쉽더라도 문제를 천천히 꼼꼼하게 읽는 습관을 길러야 합니다.

그리고 단위는 항상 신경써서 문제를 풀어야 합니다. 문제가 요구하는 답이 mm인지 m인지, 주어진 값이 지름인지 반지름인지 문제를 항상 꼼꼼하게 읽어야 합니다.

이러한 습관만 잘 기르면 실전에서 전공점수를 올릴 수 있습니다.

2 암기 과목 문제부터 풀고 계산 문제로 넘어가기

보통 시험은 대부분 암기 과목 문제와 계산 문제가 순서에 상관없이 혼합되어 출제됩니다. 그래서 보통 암기 과목 문제를 풀고 그 다음 계산 문제를 풉니다. 실전에서 실제로 이렇게 문제를 풀면 "아~ 또 뒤에 계산 문제가 있네" 하는 조급한 마음이 생겨 쉬운 암기 과목 문제도 틀릴 수 있습니다.

따라서 암기 과목 문제를 풀면서 계산 문제는 별도로 ○ 표시를 해 둡니다. 그리고 암기 과목 문제를 모두 푼 다음, 그때부터 계산 문제를 풀면 됩니다. 이 방법으로 문제 풀이를 하면 계산 문제를 푸는 데 속도가 붙을 것이고, 정답률도 높아질 것입니다.

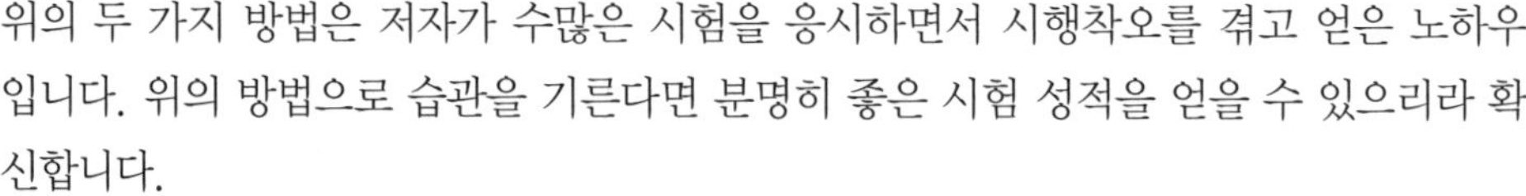

위의 두 가지 방법은 저자가 수많은 시험을 응시하면서 시행착오를 겪고 얻은 노하우입니다. 위의 방법으로 습관을 기른다면 분명히 좋은 시험 성적을 얻을 수 있으리라 확신합니다.

시험의 난이도가 어렵든 쉽든 항상 90점 이상을 확보할 수 있도록 대비하면 필기시험을 통과하는 데 큰 힘이 될 것입니다. 꼭 열심히 공부해서 90점 이상 확보하여 좋은 결과 얻기를 응원하겠습니다.

차 례

- 들어가며
- 목표설정
- 공부방법
- 점수 올리기

PART I 기출문제

01 2019 하반기 인천교통공사 기출문제 ····· 10
02 2019 상반기 한국토지주택공사 기출문제 ····· 31
03 2019 상반기 한국가스안전공사 기출문제 ····· 45

PART II 실전 모의고사

01 1회 실전 모의고사 ····· 72
1회 실전 모의고사 정답 및 해설 ····· 81
02 2회 실전 모의고사 ····· 94
2회 실전 모의고사 정답 및 해설 ····· 102
03 3회 실전 모의고사 ····· 112
3회 실전 모의고사 정답 및 해설 ····· 122

PART III 부록

01 꼭 알아야 할 필수 내용 ····· 142
02 Q&A 질의응답 ····· 158
03 3역학 공식 모음집 ····· 174

Truth of Machine

PART

I

기출문제

01 2019 하반기 인천교통공사 기출문제 10

02 2019 상반기 한국토지주택공사 기출문제 31

03 2019 상반기 한국가스안전공사 기출문제 45

PART Ⅰ ▶▶

01 2019 하반기 인천교통공사 기출문제

1문제당 2.5점 / 점수 [ ]점

01 단진자의 주기에 대한 설명 중 옳은 것은?

① 단진자의 길이가 짧을수록 주기가 짧아진다.
② 단진자의 길이가 길수록 주기가 짧아진다.
③ 단진자의 무게가 무거울수록 주기는 짧아진다.
④ 단진자의 무게가 가벼울수록 주기는 짧아진다.
⑤ 단진자의 질량과 길이와 상관없이 주기는 일정하다.

• 정답 풀이 •

단진자의 경우 주기는 진폭이나 질량에 관계없이 길이에 의존한다.

• 고유진동수$(f_n) = \dfrac{1}{2\pi}\sqrt{\dfrac{g}{l}}$

• 주기$(T) = \dfrac{2\pi}{\omega_n} = 2\pi\sqrt{\dfrac{l}{g}}$

로 나타낼 수 있으며, 식에서 보는 대로 단진자의 길이가 짧을수록 주기가 짧아진다.

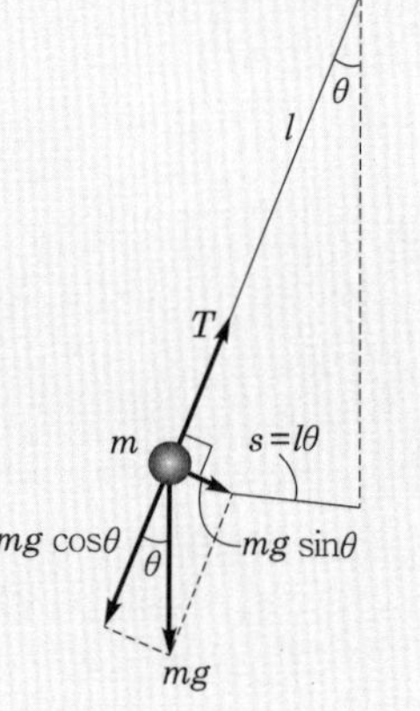

02 자동차를 전진시키는 바퀴가 10rad/s의 각속도로 회전하고 있다면 차량의 속도는 얼마인가? [단, 바퀴의 지름은 80cm]

① 4m/s ② 8m/s ③ 12m/s
④ 24m/s ⑤ 48m/s

• 정답 풀이 •

$v = rw$에서 바퀴의 반지름(r)은 0.4m이고, $w = 10\text{rad/s}$이므로,
$v = 0.4 \times 10 = 4\text{m/s}$
문제에서 단위가 cm인 바퀴의 지름이 주어진 것을 꼭 체크하길 바란다. 실제로 지름과 반지름 낚시 문제가 많이 기출되기 때문에 조심해야 한다.

정답 01. ① 02. ①

03 질량 $0.5\mathrm{kg}$의 공을 $1\mathrm{m}$ 길이의 줄에 묶어서 $60\mathrm{rpm}$으로 일정하게 회전시킨다. 이 과정에서 줄에 작용하는 구심력의 크기는? [단, $\pi = 3$]

① 3N
② 9N
③ 18N
④ 36N
⑤ 72N

• 정답 풀이 •

$F = ma_n = m \times r \times \omega^2$ [단, 구심가속도$(a_n) = r\omega^2$]

$\rightarrow w = \dfrac{2\pi N}{60} = \dfrac{2\pi 60}{60} = 2\pi$

$\rightarrow F = ma_n = m \times r \times w^2 = 0.5 \times 1 \times (2\pi)^2 = 0.5 \times 1 \times 36 = 18\mathrm{N}$

★ $a_n = rw^2 = \dfrac{V^2}{r}$ [단, $V = rw$]

04 $2\mathrm{kg}$의 공을 지상에서 $10\mathrm{m/s}$의 속도로 수직 상방향으로 던졌을 때 공이 최고점에 도달할 때까지 소요된 시간은? [단, 공기저항은 무시]

① 0.92초
② 1.02초
③ 1.44초
④ 2.88초
⑤ 4.51초

• 정답 풀이 •

$v = v_0 + at$에서 최고점에 도달했을 때의 속도$(v) = 0$이며, 가속도(a)는 물체가 중력과 반대 방향인 수직방향으로 올라가고 있으므로 $-g$가 된다. 즉, $0 = v_0 - gt$라는 식이 도출되며, $v_0 = gt$가 된다.

→ 대입하면, $10 = 9.8 \times t$이므로 $\therefore t = 1.02$초

※ 이런 문제를 풀 때는 최고점까지 도달했을 때의 시간인지 최고점을 찍고 원래 상태로 돌아 왔을 때의 시간인지 꼭 확인해야 한다. 후자의 경우 최고점에 도달했을 때의 시간에 2배를 해주면 된다. 올라갔을 때의 시간이 1.02초이므로 올라갔다가 다시 내려왔을 때 걸리는 시간은 $1.02 \times 2 = 2.04$초이다.

정답 03. ③ 04. ②

05 구리와 주석의 합금을 청동이라고 한다. 청동의 용도로 옳지 못한 것은?

① 베어링용
② 미술용
③ 구조용
④ 화폐용
⑤ 송전선용

• 정답 풀이 •

청동은 Cu + Sn으로 구성되어 있는 구리와 주석의 합금으로, Cu + Sn을 중심으로 여러 원소들의 비율에 따라 다양한 종류를 가지고 있다.

① 켈멧: Cu + Pb(30~40%), 고속 고하중용 베어링 합금재료(**베어링용**)
② 청동(Cu + Sn) 자체는 주석청동이라고 하며, 황동보다 내식성이 좋고 내마멸성이 좋기 때문에 **미술공예품**, **장신구**로 사용한다.
④ 3~8% 주석에 1% 정도의 아연을 넣은 청동은 성형성이 좋고 각인하기 쉬워 **화폐**, **메달** 등에 많이 사용한다.
⑤ 1~2% 주석의 청동은 강도와 내마모성을 요하는 **송전선**에 사용한다.

06 탄소강에서 나타나는 현상으로 옳은 것은?

① 탄소강에서 탄소함유량이 증가할수록 탄성계수도 증가한다.
② 인장강도가 증가할수록 경도도 비례하여 증가한다.
③ 탄소강에서 탄소함유량이 증가할수록 비열, 용융점, 열팽창계수는 감소한다.
④ 탄소강에서 탄소함유량이 증가할수록 충격치는 증가한다.
⑤ 탄소강에서 탄소함유량이 증가할수록 연신율, 단면수축률도 증가한다.

• 정답 풀이 •

- 가로탄성계수, 세로탄성계수, 푸아송비는 어떤 재료든 탄소함유량에 거의 관계없이 일정하다.
- 탄소강에서 강재의 경도가 증가하면 인장강도 또한 증가한다. 다만 금속재료의 온도가 증가됨에 따라 인장강도는 감소되는 경향이 있다.

[탄소함유량이 많아질수록 나타나는 현상]

- 강도, 경도, 전기저항, 비열 증가
- 용융점, 비중, 열팽창계수, 열전도율, 충격값, 연신율, 용융점 감소

정답 05. ③ 06. ②

07 이산화탄소의 농도가 1,000ppm이라면 몇 %인가?

① 0.1 ② 0.01 ③ 0.001
④ 1 ⑤ 10

• 정답 풀이 •

ppm은 parts per million이라는 뜻이다. 즉 백만분의 1이라는 뜻이며 "10,000"으로 나누면 % 단위로 변환할 수 있다. 주로 대기나 해수, 지각 등에 존재하는 미량의 성분농도를 나타낼 때 사용된다. 따라서 CO_2의 농도 1,000ppm $= \frac{1,000}{1,000,000} \times 100[\%] = 0.1\%$이다.

08 얼음 위에서 질량 25kg의 청년이 뛰어와 질량 5kg의 썰매에 올라탄 직후에 속도가 2m/s로 되었다면 썰매는 얼마나 미끄러진 후에 정지하는가? [단, 썰매와 얼음 사이의 마찰계수는 0.02]

① 1.0m ② 5.1m ③ 7.3m
④ 10.2m ⑤ 20.4m

• 정답 풀이 •

썰매의 운동에너지(T)와 정지할 때까지의 마찰일량(U_f)은 보존되어 서로 같다.

운동에너지(T) $= \frac{1}{2}mv^2 = \frac{1}{2} \times 30 \times 2^2 = 60$

마찰일량(U_f) $= fS = \mu mg \times S$ [단, 마찰력(f) $= \mu mg$, 일량은 힘 × 거리]

따라서 마찰일량(U_f) $= 0.02 \times 30 \times 9.8 \times S = 5.88S$

운동에너지(T) = 마찰일량(U_f)이므로 $60 = 5.88S$로 도출된다.

$\therefore S = 10.2\text{m}$

참고

[운동량 보존의 법칙으로 청년이 뛰어오는 속도 V_1을 구해본다.]

$m_1 V_1 = m_2 V_2$

[단, m_1 = 청년의 질량, m_2 = 청년의 질량 + 썰매의 질량
V_1 = 청년의 속도(올라타기 전), V_2 = 썰매에 올라탄 직후의 속도]

$25 V_1 = 30 \times 2$

$\therefore V_1 = 2.4\text{m/s}$

정답 07. ① 08. ④

09 증기 압축식 냉동기의 냉매 경로순서로 옳은 것은?

① 증발기 → 압축기 → 응축기 → 팽창밸브 → 증발기
② 증발기 → 응축기 → 압축기 → 팽창밸브 → 증발기
③ 증발기 → 팽창밸브 → 응축기 → 압축기 → 증발기
④ 응축기 → 증발기 → 압축기 → 팽창밸브 → 증발기
⑤ 응축기 → 압축기 → 증발기 → 팽창밸브 → 증발기

[Bonus] 냉동기에서 실질적인 냉동의 목적이 달성되는 곳은?

① 증발기
② 응축기
③ 액분리기
④ 수액기
⑤ 팽창밸브

• 정답 풀이 •

다음 그림은 **증기압축식 냉동장치 사이클**을 나타내고 있다. 냉동장치는 반드시 다음 4가지 기기로 구성된다.

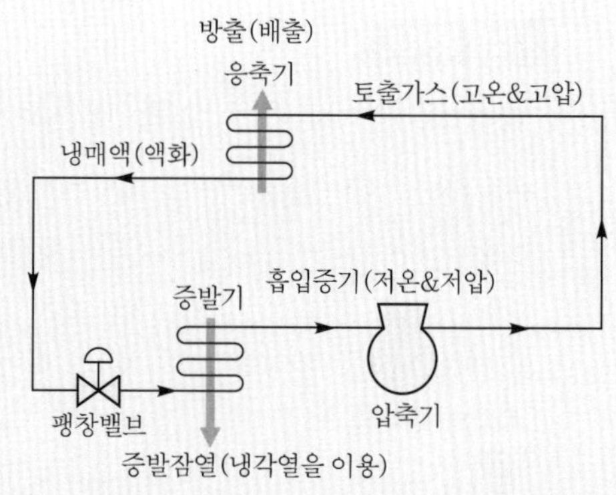

- **증발기(냉각기)**: 증발잠열로 공기나 물에서 열을 제거한다. 냉매액(냉매증기가 일부 혼합되어 있다)을 저압으로 증발시켜서 주위의 공기나 물 등에서 열을 제거하는 열교환기이다. 즉, **실질적인 냉동의 목적이 달성되는 곳**이다.
- **압축기**: 증발기에서 냉매증기를 흡입해서 압축한다. 즉, 냉매를 증발기에서 증발시키기 위해 냉매증기를 연속 흡입하고 그 흡입한 증기를 압축해 고온&고압가스를 토출하는 장치이다.
- **응축기(실외기)**: 고온&고압가스를 냉각해서 액화한다. 즉, 압축기에서 토출된 고온&고압가스를 냉각해서 액화(증기를 액체로 변화)시키기 위한 열교환기이다.
- **팽창밸브**: 냉매액을 좁혀 팽창한다. 즉, 냉매액을 좁은 통로(밸브) 통과 후 넓은 구역으로 팽창시켜 압력을 낮추어 증발기로 보내기 위한 감압밸브이다.

[냉매의 경로 순서와 상태 변화]

증발기 —(건포화증기)→ 압축기 —(고온고압증기 = 과열증기)→ 응축기 —(포화액)→ 팽창밸브 —(저온저압증기 = 습증기)→ 증발기

정답 09. ① Bonus ①

10 다음 중 tan30의 값은 무엇인가?

① $\sqrt{3}$ ② $\frac{1}{\sqrt{3}}$ ③ $\sqrt{2}$ ④ $\frac{1}{\sqrt{2}}$ ⑤ 0

• 정답 풀이 •

0점 방지문제로 2018년에는 sin60의 값을 묻는 문제, 2019년에는 tan30의 값을 묻는 문제가 출제되었다.

$\tan 30 = \frac{1}{\sqrt{3}}$, $\tan 45 = 1$, $\tan 60 = \sqrt{3}$ 이다.

11 정지 상태에 있는 상자에 아래 그림과 같이 30N의 힘이 작용하고 있다. 이때 상자 바닥면에 작용하는 마찰력은 얼마인가?
[단, 바닥과 상자 사이의 마찰계수는 0.2, 상자에 작용하는 수직반력의 크기는 300N]

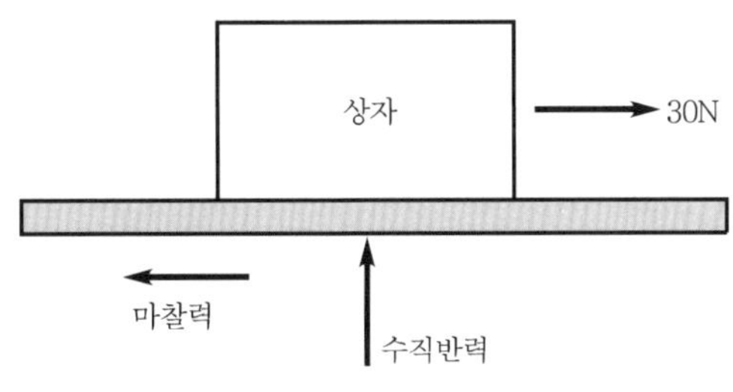

① 0N ② 6N ③ 30N
④ 60N ⑤ 150N

• 정답 풀이 •

다음의 그래프에서 보는 바와 같이 최대 정지 마찰력까지는 마찰력과 외력은 같은 값으로 작용된다.
마찰력$(f) = \mu N = \mu mg$에서 마찰계수는 0.2, 수직반력은 300N이므로 마찰력은 $0.2 \times 300 = 60$N이다. 최대 정지 마찰력보다 작은 값을 가지는 마찰력이 60N이므로 30N을 작용했을 때에는 상자가 움직이지 않는 정지 상태라는 것을 알 수 있다. 정지상태에서는 작용하는 힘 = 마찰력이므로 마찰력은 30N이다.

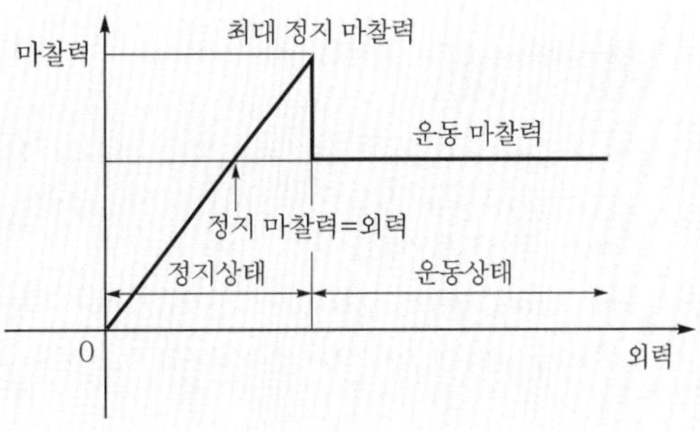

정답 10. ② 11. ③

12 진동계에서 진폭이 감소하는 현상을 나타내는 용어는?

① 주기
② 각속도
③ 감쇠
④ 변위
⑤ 공진

• 정답 풀이 •

① **주기**: 왕복운동이 한 번 이루어지거나 물리적인 값의 요동이 한 번 일어날 때까지 걸리는 시간을 말한다.
② **각속도**: 단위시간 동안에 회전한 각도 $\left(w=\dfrac{d\theta}{dt}=\dfrac{2\pi N}{60}\right)$
③ **감쇠**: 에너지의 소실로 진동운동이 점차적으로 감소되는 현상
④ **변위**: 시작점과 끝점을 연결한 거리
⑤ **공진**: 특정 진동수를 가진 물체가 같은 진동수의 힘이 외부에서 가해질 때 진폭이 커지면서 에너지가 증가하는 현상

13 비열이 1kJ/kg · ℃, 질량이 2kg의 금속뭉치를 300℃로 가열하였다가 처음 온도가 70℃, 질량이 4kg, 비열이 8kJ/kg · ℃인 또 다른 금속뭉치에 접촉시켰다. 어느 정도의 시간이 지난 후 평행상태에 이르렀을 때 평형온도는 몇 ℃인가?

① 83.53
② 84.53
③ 93.53
④ 94.53
⑤ 100.53

• 정답 풀이 •

이 문제를 풀기 위해서는 **"열량 $Q=mCdT$"**임을 알아야 한다.
두 금속이 서로 맞닿으면 열평형이 성립되어 열의 중간값이 생성된다. 즉, **열역학 제0법칙**에 의해 $Q_1=Q_2$가 성립된다.
$m_1=2\text{kg}$, $C_1=1\text{kJ/kg}\cdot℃$, $T_1=300℃$이고 $m_2=4\text{kg}$, $C_2=8\text{kJ/kg}\cdot℃$, $T_2=70℃$
이때 두 금속이 맞닿아서 평형상태에 이르렀을 때의 평행온도를 T_3라 하면,
$m_1C_1(T_1-T_3)=m_2C_2(T_3-T_2)$이므로
$2\times1\times(300-T_3)=4\times8\times(T_3-70)$
$\therefore\ T_3=83.53$

정답 12. ③ 13. ①

14 아래에 설명하는 특수 제조법은 무엇인가?

> 원형을 왁스나 합성수지와 같이 용융점이 낮은 재료로 만들어 그 주위를 내화성 재료로 피복 매몰한 다음 원형을 용해·유출시킨 주형으로 하고 용탕을 주입하여 주물을 만드는 특수제조법

① 인베스트먼트 ② 다이캐스팅 ③ 셀주조법
④ 원심주조법 ⑤ 진공주조법

• 정답 풀이 •

[인베스트먼트법(= 로스트왁스 주형법 = 석고주형주조법)]

- 가용성의 원형을 만들고 이것에 슬러리(규사, 알루미나 등의 내화성재료)상태의 주형재료를 피복하여 외형을 만든 후, 원형을 용융·제거하고 공간을 만들어 쇳물을 주입하는 방법이다.
  작업순서: 왁스모형 만들기 → 모형조립 → 주형제작 → 가열 → 주물
- 치수 정밀도가 높을 경우의 용도: 알루미늄, 강에 사용
  직접기계 가공 → 치수정밀도↑ → 생산량↑
- 치수 정밀도가 낮을 경우의 용도: 저용융합금, 석고, 수지, 실리콘 고무
  치수를 복제하여 만든다 → 생산량 ↓

[주요 특징]

- **모양이 복잡하고 치수 정밀도가 높은(세밀한) 주물 제작이 가능하다.**
- 모든 재질에 적용 가능하며 특히, 특수 합금에 적합하다.
- **소량에서 대량까지 생산**이 가능하다.
- 다른 주조법에 비해서 제조비가 비싼 편이다.
- 대량생산은 가능하지만 **대형주물은 만들 수 없다.**
- **항공 및 선박 부품**과 같이 가공이 힘들거나 기계가공이 불가능한 제품을 제작한다.

15 금속 재료의 기계적 강도를 조사하는 시험기를 만능재료 시험기라고 한다. 이때 만능재료 시험기를 통해 측정할 수 없는 것은 무엇인가?

① 인장시험 ② 압축시험 ③ 비틀림시험
④ 전단시험 ⑤ 굽힘시험

• 정답 풀이 •

[만능시험기]

고무, 필름, 플라스틱, 금속 등 재료 및 제품의 하중, 강도, 신율 등을 측정할 수 있는 대표적인 물성시험기기이다. 기본적으로 **인장, 압축, 굽힘, 전단 등의 시험이 가능하며 정하중, 반복피로 시험, 마찰계수 측정시험도 가능**하다.

[종류]

- **기계식**: 서보모터, 감속기, 볼 스크류 등의 주요 부품을 사용하여 정밀도가 높고 저소음이다.
- **유압식**: 유압 서보 시스템을 채택하여 재현성과 정밀도가 우수하다.

정답 14. ① 15. ③

16 열역학 제1법칙을 설명하는 말로 옳은 것은?

① 에너지의 값이 변하지 않고 언제나 일정하다.
② 엔탈피의 값이 변하지 않고 언제나 일정하다.
③ 열량의 값이 변하지 않고 언제나 일정하다
④ 엔트로피의 값이 변하지 않고 언제나 일정하다.
⑤ 일의 값이 변하지 않고 언제나 일정하다.

• 정답 풀이 •

- **열역학 제0법칙**: 고온물체와 저온물체가 만나면 열교환을 통해 결국 온도가 같아진다(열평형 법칙).
- **열역학 제1법칙**: 에너지보존의 법칙으로 "어떤 계의 내부에너지의 증가량은 계에 더해진 열 에너지에서 계가 외부에 해준 일을 뺀 양과 같다."**라는 법칙이다.** 즉, 열과 일의 관계를 설명하는 법칙으로 열과 일 사이에는 전환이 가능한 **일정한 비례관계**가 성립한다. 따라서, 열량은 일량으로 일량은 열량으로 환산이 가능하므로 열과 일 사이의 **에너지 보존**의 법칙이 적용한다. 열역학 제1법칙은 가역, 비가역을 막론하고 모두 성립한다.
- **열역학 제2법칙**: 에너지의 방향성을 밝힌 법칙으로 하나의 열원에서 얻어진 열을 모두 일로 바꾸는 기관은 존재하지 않는다는 법칙이다. 비가역을 명시하는 법칙, 절대눈금을 정의하는 법칙
- **열역학 제3법칙**: 온도가 0K에 근접하면 엔트로피는 0에 근접한다는 법칙

17 소성가공 후에 재료의 원래 성질로 돌아가기 위해 실시하는 열처리는 무엇인가?

① 불림 ② 풀림 ③ 담금질
④ 표면경화 ⑤ 뜨임

• 정답 풀이 •

"불림"의 의미를 정확히 파악하는 것이 중요하다.

[불림]

가공재료의 내부응력을 제거하여 결정조직을 표준화, 균일화, 균질화, 미세화시키는 열처리 과정이다. 즉, 탄소강의 표준조직을 얻는 열처리이므로 재료의 원래 성질을 가지도록 도와주는 열처리 방법이다. A_3, A_{cm}보다 30~50°C 높게 가열 후 공기 중에서 냉각시켜 미세한 소르바이트 조직을 얻도록 열처리한다.

[불림의 목적]

- 주조 때의 결정조직을 미세화시킴
- 냉간가공, 단조에 의해 생긴 내부응력을 제거
- 결정조직, 기계적·물리적 성질을 표준화시킴

정답 16. ① 17. ①

18 부피가 $0.5m^3$인 용기에 투입된 공기의 압력이 200kPa이다. 이때, 공기의 질량이 5kg이면 공의 온도[K]는 얼마인가? [단, 공기는 이상기체로 가정하고 기체상수 R=500J/kg·K]

① 30　② 40　③ 50
④ 60　⑤ 70

• 정답 풀이 •

이 문제는 공기를 이상기체로 가정하였으므로 이상기체 상태방정식을 활용해서 풀면 되는 간단한 문제!
[이상기체 상태방정식]
$PV = MRT$
[단, $V = 0.5m^3$, $P = 200kPa$, $m = 5kg$, $R = 500J/kg \cdot K$]
$\therefore T = \frac{PV}{mR} = \frac{200 \times 0.5}{5 \times 0.5} = 40K$

19 부피가 $500m^3$이며 질량이 0.5kg인 물체가 있다. 이때, 이 물체의 밀도는 몇인가? [단, 중력가속도는 $9.8m/s^2$]

① $0.5kg/m^3$
② $0.05kg/m^3$
③ $0.001N \cdot s^2/m^4$
④ $0.02N \cdot s^2/m^4$
⑤ $0.5N \cdot s^2/m^4$

• 정답 풀이 •

밀도는 단위체적당 질량으로 나타낸다.
$\rho = \frac{m}{V} = \frac{0.5}{500} = 0.001 kg/m^3$(절대단위) $= 0.001N \cdot s^2/m^4$ (SI단위)

참고

비중량(γ)은 단위체적당 무게로 나타낸다.
이 문제의 수치로 비중량을 구해보면 다음과 같다.
$\gamma = \frac{W}{V} = \frac{mg}{V} = \frac{0.5 \times 9.8}{500} = 0.0098N/m^3$

정답 18. ② 19. ③

20 다음 중 길이를 측정할 수 없는 측정기는 무엇인가?

① 블록게이지 ② 다이얼게이지 ③ 오토콜리메이터
④ 버니어캘리퍼스 ⑤ 마이크로미터

• 정답 풀이 •

오토콜리메이터: 미소각을 측정하는 광학적 측정기로, 수준기와 망원경을 조합한 측정기
[길이를 측정할 수 있는 측정기]

- **블록게이지**: 길이측정의 기준으로 사용, 스크래치 방지를 위해 천·가죽 위에서 사용
- **다이얼게이지**: 기어장치로 미소한 변위를 확대하여 길이를 정밀하게 측정
- **버니어캘리퍼스**: 인벌류트 치형의 피치오차를 측정하는 데 적합하며 길이측정에 사용
- **마이크로미터**: 피치가 정확한 나사의 원리를 이용한 측정기, 길이측정에 사용

21 아래에 설명하는 공작기계는 무엇인가?

> 원통 면에 있는 다인 공구를 회전시켜 공작물을 테이블에 고정시켜 절삭 깊이와 이송을 주어 절삭하는 공작기계

① 밀링머신 ② 래핑 ③ 선반
④ 드릴링 ⑤ 센터리스 연삭기

• 정답 풀이 •

공작기계를 외울 때는 공작기계의 공구와 공작물의 관계가 어떻게 되는지 동영상 및 그림으로 살피면 더 쉽게 이해할 수 있다.
[밀링머신]
공작기계 중 가장 다양하게 사용하는 공작기계로 **원통 면에 많은 날을 가진 커터(다인 절삭 공구)를 회전시켜, 공작물을 테이블에 고정시켜 절삭 깊이와 이송을 주어 절삭하는 공작기계이다.** 주로 평면절삭, 공구의 회전절삭, 공작물의 직선 이송하는 데 이용된다.

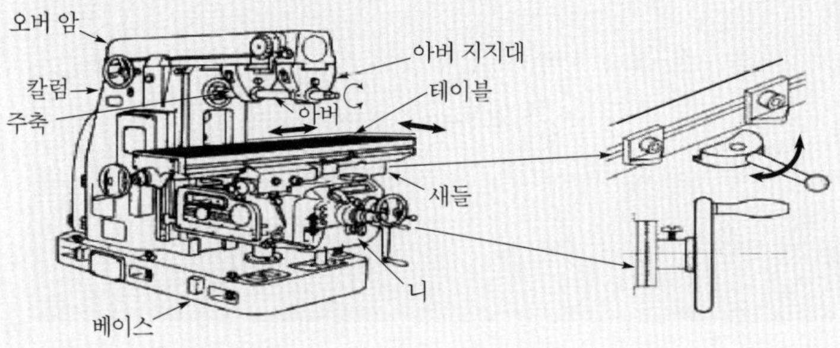

정답 20. ③ 21. ①

22 밀링커터에 대한 설명으로 옳지 않은 것은?

① 총형커터는 기어 또는 리머를 가공할 때 사용한다.
② 정면커터는 넓은 평면을 가공할 때 사용한다.
③ 메탈소는 절단하거나 깊은 홈을 가공할 때 사용한다.
④ 앤드밀은 키 홈을 가공할 때 사용한다.
⑤ 볼엔드밀링커터는 간단한 형상의 곡면가공에 사용한다.

• 정답 풀이 •

밀링머신은 주로 평면을 가공하는 공작기계로서 홈, 각도가공뿐만이 아니라 불규칙하고 복잡한 면을 깎을 수 있으며, 드릴의 홈, 기어의 치형을 깎기도 한다. 다양한 밀링커터가 용도에 따라 활용된다.

[밀링커터의 종류]

- **총형커터**: 기어 또는 리머가공에 사용한다.
- **정면커터**: 넓은 평면을 가공할 때 사용한다.
- **메탈소**: 절단하거나 깊은 홈 가공에 사용한다.
- **엔드밀**: 구멍가공, 홈, 좁은 평면, 윤곽가공 등에 사용한다.
- **볼엔드밀링커터**: 복잡한 형상의 곡면가공에 사용한다.
- **평면커터**: 평면을 절삭하며 소비동력이 적고 가공면의 정도가 우수하다.
- **측면커터**: 폭이 좁은 홈을 가공할 때 사용한다.

23 다음 화씨 90°F를 섭씨 °C로 바꾸면 몇인가? [단, 소수점 첫째자리까지 구하라]

① 42.2°C　② 32.2°C　③ 52.2°C
④ 62.2°C　⑤ 22.2°C

• 정답 풀이 •

온도는 크게 섭씨온도와 화씨온도가 있다.

[온도의 종류]

㉠ 섭씨온도(°C): 표준대기압(760mmHg)하에서 순수한 물의 빙점(어는점)을 0°C, 비등점(끓는점)을 100°C로 하여 그 사이를 100등분하는 것

㉡ 화씨온도(°F): 빙점을 32°F, 비등점을 212°F로 하여 그 사이를 180등분하는 것

㉠=㉡라고 두면, $\frac{t_c - 0℃}{100} = \frac{t_f - 32°F}{180}$ 이므로 $t_c = \frac{5}{9}(t_f - 32)$의 식이 생성된다.

따라서 문제에서 주어진 조건을 대입하면

$t_c = \frac{5}{9}(t_f - 32) = \frac{5}{9}(90 - 32) = 32.2°C$

정답 22. ⑤ 23. ②

24 다음 금속 중 용융점이 가장 높은 것은 무엇인가?

① 티타늄
② 텅스텐
③ 두랄루민
④ 인바
⑤ 몰리브덴

• 정답 풀이 •

① **티타늄(Ti): 용융점 1,730°C로** 강한 탈산제인 동시에 흑연화 촉진제이다. 하지만 오히려 많은 양을 첨가하면 흑연화를 방지한다. 고온강도와 내열성, 내식성이 좋아 가스터빈재료로 사용된다.
② **텅스텐(W): 용융점 3,410°C로** 무겁고 단단하며 금속 중에서 용융점이 가장 높고 증기압은 가장 낮다. 때문에 백열등 필라멘트, 각종 전기전자부품의 재료로 사용되며 합금과 탄화물은 절삭공구, 무기 등에 사용된다.
③ **두랄루민**: Al–Cu–Mg–Mn계 합금으로 시효경화시키면 기계적 성질이 향상되어, 항공기나 자동차 재료로 쓰인다. Al 합금으로 용융점이 낮다.
④ **인바**: Fe–Ni 36%, 선팽창계수가 작은 것이 특징이다.
⑤ **몰리브덴(Mo): 용융점 2,140°C로** 특수강에 첨가하였을 때, 강인성을 증가시키고, 질량효과를 감소시키며 뜨임취성을 방지한다.

25 다음 중 바이트의 앞면 및 측면과 공작물의 마찰을 방지하기 위해 만든 것으로 너무 크면 날이 약하게 되는 것을 무엇이라고 하는가?

① 경사각
② 여유각
③ 끝각
④ 절단각
⑤ 이직각

• 정답 풀이 •

[여유각]
바이트와 공작물의 상대운동 방향과 바이트 측면이 이루는 각
여유각이 없으면 날로 인하여 물체에 손상을 입힐 수 있다. 그 이유는 **여유각은 바이트 날이 물체와 닿는 면적을 줄여 물체와의 마찰을 감소**시키고 날 끝이 공작물에 파고들기 쉽게 해주는 기능을 갖고 있기 때문이다. 깊게 절삭하고 싶다면 여유각을 많이 주면 된다. 하지만 여유각을 너무 많이 주면 날 끝의 강도는 약해지므로 강도가 약한 재료일 때는 여유각을 많이 줘도 상관없지만, 강도가 강한 재료일 때는 여유각을 작게 해야 한다.

정답 24. ② 25. ②

26 습증기를 전기히터로 가열하여 온도를 높였을 때 상대습도의 변화는?

① 증가　② 증가 혹은 불변　③ 불변
④ 감소 혹은 불변　⑤ 감소

• 정답 풀이 •

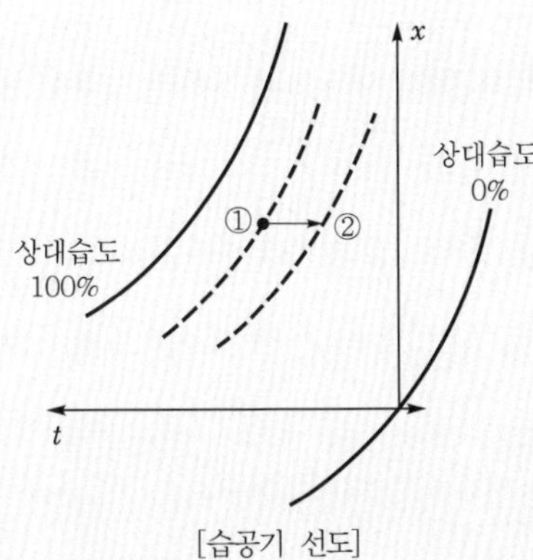

[습공기 선도]

전기히터를 통해 온도를 높이면 그래프에서 보는 바와 같이, **①번 상태에서 ②번 상태로 이동**한다. 상대습도는 100% 선을 기준으로 우측으로 갈수록 감소하기 때문에 온도를 높였을 때 상대습도는 감소한다.

상태	건구온도	상대습도	절대습도	엔탈피
가열	↑	↓	일정	↑
냉각	↓	↑	일정	↓
가습	일정	↑	↑	↑
감습	일정	↓	↓	↓

27 역 카르노 사이클을 따르는 냉동기에서 고온측 온도가 $40^\circ C$이고, 저온측 온도가 $0^\circ C$일 때 성능계수는?

① 5.8　② 6.8　③ 7.8
④ 8.8　⑤ 9.8

• 정답 풀이 •

냉동기 성능계수$(\varepsilon_r) = \dfrac{q_2}{w_c} = \dfrac{q_2}{q_1 - q_2} = \dfrac{T_2}{T_1 - T_2} = \dfrac{0+273}{(40+273)-(0+273)} \fallingdotseq 6.825$

정답 26. ⑤　27. ②

28 연료의 단위량(1kg 또는 $1m^3$)이 완전연소할 때 발생되는 열량을 발열량이라고 한다. 이때 발열량 종류 중 고위발열량에 대한 설명으로 옳은 것은?

① 연소가스 중 수분(H_2O)이 물의 형태로 존재하는 경우를 말한다.
② 연소가스 중 수분(H_2O)이 증기 형태로 존재하는 경우를 말한다.
③ 고압가스 중 증기가 수분(H_2O) 형태로 존재하는 경우를 말한다.
④ 고압가스 중 증기가 물의 형태로 존재하는 경우를 말한다.
⑤ 압축가스 중 수분(H_2O)이 물의 형태로 존재하는 경우를 말한다.

• 정답 풀이 •

• 저위발열량(H_l): 연소가스 중 수분이 증기의 형태로 존재하고 있는 경우

$$H_l = 8,100\text{C} + 28,800\left(\text{H} - \frac{\text{O}}{8}\right) + 2,500\text{S} - 600\left(\text{W} + \frac{9}{8}\text{O}\right)$$

• 고위발열량(H_h): 연소가스 중 수분이 물의 형태로 존재하고 있는 경우

$$H_h = 8,100\text{C} + 28,800\left(\text{H} - \frac{\text{O}}{8}\right) + 2,500\text{S}$$

∴ $H_h = H_l + 600\left(\text{W} + \frac{9}{8}\text{O}\right)$이며, $600\left(\text{W} + \frac{9}{8}\text{O}\right)$가 물의 형태로 있는 수분을 뜻한다.

29 석탄을 태워 1,000kW의 출력을 낸다고 할 때 석탄의 소비량이 $250m^3/h$이라면 열효율[%]은? [단, 석탄의 발열량은 $40,000kJ/m^3$]

① 0.01
② 16
③ 3.6
④ 26
⑤ 36

• 정답 풀이 •

효율 $= \frac{\text{출력}}{\text{입력}} \times 100[\%]$으로 나타낼 수 있다.

입력 = 석탄의 소비량 × 석탄의 발열량

$= 250m^3/h \times 40,000kJ/m^3 = 10,000,000kJ/h$ 이며,

단위를 환산하면 $10,000,000\,kJ/h = 2777.78\,kJ/s = 2777.78\,kW$이다.

∴ 효율 $= \frac{\text{출력}}{\text{입력}} = \frac{1,000}{2777.78} = 0.359 = 35.9\%$

정답 28. ① 29. ⑤

30 아래 그림처럼 단면적이 A 인 곳에 무게 1N의 추가 있다. $A_1 = 5m^2$이고, $A_2 = 25m^2$일 때, F_2 은?

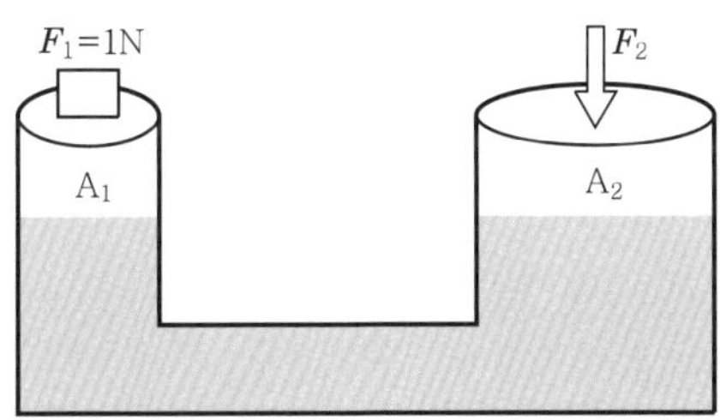

① 2.5N
② 5N
③ 7.5N
④ 10N
⑤ 12.5N

• 정답 풀이 •

이 문제는 파스칼의 원리가 적용되었다. 이는 정지유체의 조건 중에서 파생된 원리이다. 먼저 정지유체가 무엇이고 이에 적합한 조건이 무엇인지 알아보자.

[정지유체]

정지상태에 있는 유체는 유체입자 간에 상대운동이 없다. 즉 점성에 의해서 전단응력이 존재하지 않는다.

[정지유체 조건]

- 정지유체 내의 한 점에 작용하는 압력의 크기는 모든 방향에서 동일하다.
- 정지유체 내의 압력은 모든 면에서 수직으로 작용한다.
- 동일유체일 때 동일 수평상에 있는 두 점의 압력의 크기는 같다.
- 밀폐된 용기 속에 있는 유체에 가한 압력은 모든 방향에서 같은 크기로 전달된다.

→ 파스칼의 원리에 의해 $P_1 = P_2$가 된다.

$\frac{F_1}{A_1} = \frac{F_2}{A_2}$이므로, $F_2 = F_1 \times \frac{A_2}{A_1} = 1 \times \frac{25}{5} = 5N$

31 3.6kcal/h를 W로 바꾸면? [단, 1kcal = 4.2kJ이며 1h = 3,600s]

① 0.0042
② 0.042
③ 0.42
④ 4.2
⑤ 42

• 정답 풀이 •

3.6 kcal/h = 0.001kcal/s = 0.0042kJ/s = 0.0042kW = 4.2W

정답 30. ② 31. ④

32 밀도 $1,050\text{kg/m}^3$의 액체 속에 밀도 800kg/m^3의 물체를 띄울 때 잠긴 부분의 체적은 전체 체적의 몇 %를 차지하는가?

① 76.19
② 78.41
③ 81.32
④ 84.15
⑤ 88.24

• 정답 풀이 •

[물체가 물에 떠 있는 경우]
부력에서 물체가 띄워져 있는 경우
$\gamma_{물체} V_{물체} = \gamma_{액체} V_{잠긴체적}$이다.
$\rho_{물체} g V_{물체} = \rho_{액체} g V_{잠긴체적}$이므로 이 식을 정리하게 되면

$$\frac{V_{잠긴체적}}{V_{물체}} = \frac{\rho_{물체}}{\rho_{액체}} = \frac{800}{1,050} = 0.7619 = 76.19\%$$

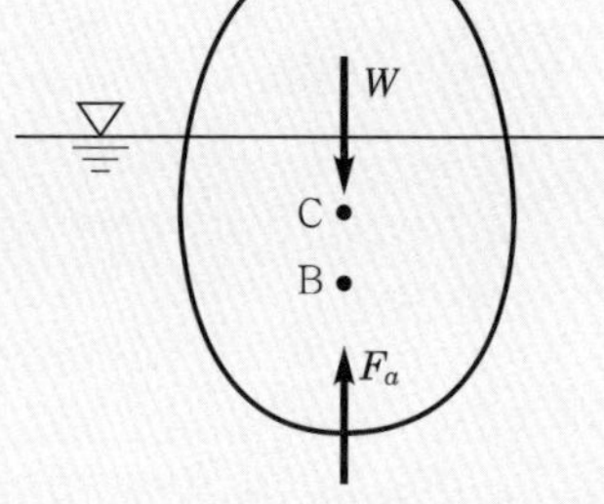

[물체가 떠 있는 경우]
부력 = 공기 중에서 물체의 무게
$(\Rightarrow \gamma_{액체} V_{잠긴부피} = \gamma_{물체} V_{물체})$
[물체가 액체에 완전히 잠긴 경우]
공기 중 물체의 무게 = 부력 + 액체 중에서의 물체의 무게

33 어떤 계의 질량이 1kg일 때, 이 계의 무게는? [단, 중력가속도는 9.81m/s^2]

① 0.981N
② 98.1N
③ 1kgf
④ 9.81kgf
⑤ 100N

• 정답 풀이 •

$W = mg = 1\text{kg} \times 9.81\text{m/s}^2 = 9.81\text{kg} \cdot \text{m/s}^2 = 9.81\text{N} = 1\text{kgf}$

[단, $1\text{N} = 1\text{kg} \cdot \text{m/s}^2$, $1\text{kgf} = 9.8\text{N}$]

정답 32. ① 33. ③

34 100mmAq와 같은 압력을 나타내는 것은?

① 0.981kPa ② 9.81kPa ③ 98.1kPa
④ 981kPa ⑤ 9810kPa

• 정답 풀이 •

[해설 1]
대기압[1atm] = 760mmhg = 1.0332kgf/cm^2 = 10.332mAq = 101.325kPa이다.
10,332mmAq = 101,325Pa → 10,332mmAq : 101,325Pa = 100mmAq : x
→ x = 980.7Pa ∴ 100mmAq ≒ 0.981kPa 이다.
[해설 2]
$P = \gamma h = \rho g h$
$= 1{,}000\text{kg/m}^3 \times 9.81\text{m/s}^2 \times 0.1\text{m}$ (단, Aq는 물이므로 물의 밀도 $1{,}000\text{kg/m}^3$)
$= 981\text{kg/s}^2 \cdot \text{m} = 981\text{Pa}$ (단, $1\text{Pa} = 1\text{N/m}^2 = 1\text{kg/s}^2 \cdot \text{m}$, $1\text{N} = \text{kg} \cdot \text{m/s}^2$)

35 다음 그림과 같이 내부가 비어있는 도형의 무게중심이 G일 때, 다음 중 질량관성모멘트가 가장 크게 작용하는 축은?

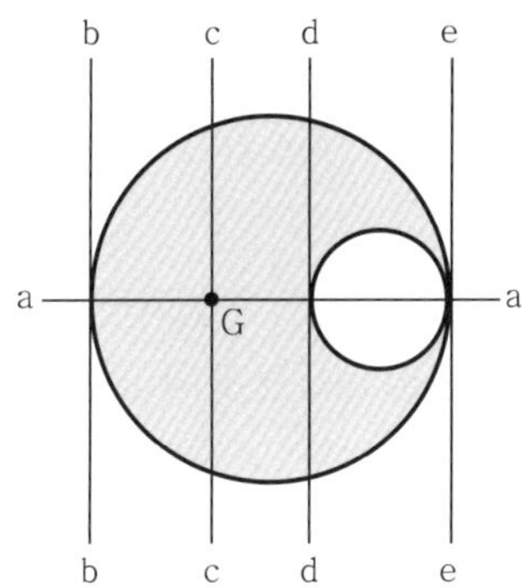

① a−a ② b−b ③ c−c
④ d−d ⑤ e−e

• 정답 풀이 •

원판에서의 질량모멘트$(J_G) = \dfrac{mr^2}{2}$로 나타낼 수 있다.
여기서 d−d축을 기준으로 우측편의 무게보다 좌측편의 무게가 더 크다는 것을 알 수 있는데, e−e축을 기준으로 관성모멘트를 잡게 되면 무게가 더 나가는 좌측편이 축으로부터 더 먼 거리로 잡히기 때문에 e−e를 축으로 두는 게 질량관성모멘트가 가장 크게 걸린다.

정답 34. ① 35. ⑤

36 아래 그림과 같이 외팔보의 끝에 질량 2kg의 추가 매달려있다. 수직방향으로 하중 16N이 작용했을 때, 아래로 변위가 2cm 발생했다면 이 보의 고유진동수(f_n)는?

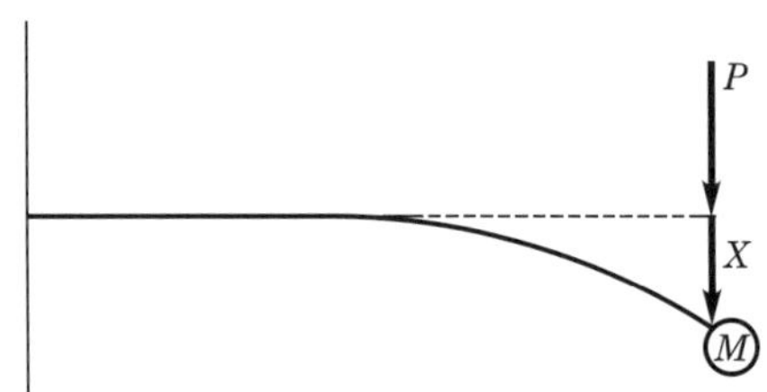

① $\frac{1}{\pi}\sqrt{400}\,\text{Hz}$　② $\frac{1}{4\pi}\sqrt{400}\,\text{Hz}$　③ $\frac{1}{2\pi}\sqrt{200}\,\text{Hz}$
④ $\frac{1}{4\pi}\sqrt{200}\,\text{Hz}$　⑤ $\frac{1}{2\pi}\sqrt{400}\,\text{Hz}$

• 정답 풀이 •

고유진동수$(f_n) = \frac{w_n}{2\pi} = \frac{1}{2\pi}\sqrt{\frac{k}{m}}$ 이며, 스프링상수$(k) = \frac{P}{\delta}$ 이다.

처짐량$(\delta) = 2\text{cm}$ 이므로 스프링상수$(k) = \frac{16}{0.02} = 800\text{N/m}$ 이다.

∴ 고유진동수$(f_n) = \frac{1}{2\pi}\sqrt{\frac{800}{2}} = \frac{1}{2\pi}\sqrt{400}\,\text{Hz}$

37 초기 압력이 400kPa, 초기 온도가 $50°\text{C}$인 이상기체가 이상적인 단열과정으로 압력이 300kPa로 변화하였다. 이때, 이상기체의 나중 온도는 얼마인가?

[단, 비열비 $= 1.4$, $(0.75)^{\frac{0.4}{1.4}} = 0.92$]

① 4°C　② 14°C　③ 24°C　④ 34°C　⑤ 44°C

• 정답 풀이 •

[단열변화]

$$\frac{T_2}{T_1} = \left(\frac{v_1}{v_2}\right)^{k-1} = \left(\frac{P_2}{P_1}\right)^{\frac{k-1}{k}} \quad [\text{단, } k = \text{비열비}]$$

$$\frac{T_2}{T_1} = \left(\frac{P_2}{P_1}\right)^{\frac{k-1}{k}} \rightarrow T_2 = T_1 \times \left(\frac{P_2}{P_1}\right)^{\frac{k-1}{k}}$$

$$T_2 = T_1 \times \left(\frac{P_2}{P_1}\right)^{\frac{k-1}{k}} = (273+50) \times \left(\frac{300}{400}\right)^{\frac{0.4}{1.4}} = 323 \times 0.92 ≒ 297\text{K}$$

∴ $297 - 273 = 24℃$

정답 36. ⑤　37. ③

38 스프링의 스프링상수가 모두 같을 때, 다음 중 진동계의 고유각진동수(w_n)가 가장 작은 경우는?

① 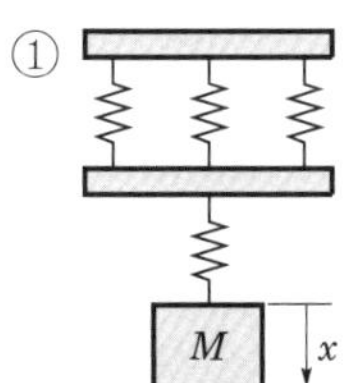

② 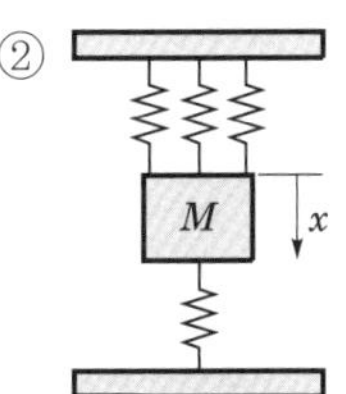

③ 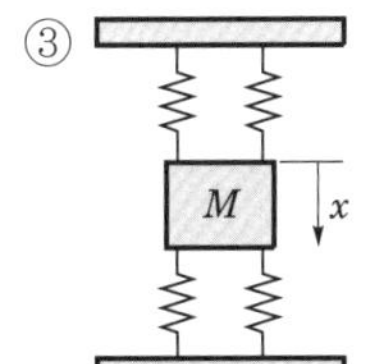

④ 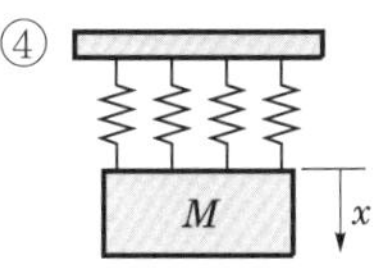

⑤ 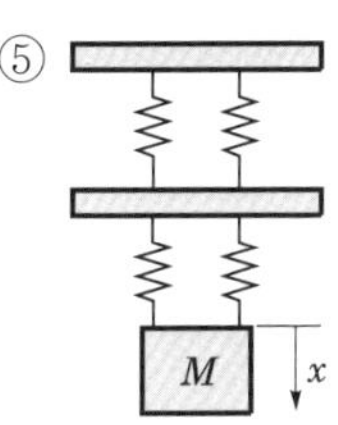

• 정답 풀이 •

직렬연결 $= \dfrac{1}{k_{eq}} = \dfrac{1}{k_1} + \dfrac{1}{k_2} + \cdots + \dfrac{1}{k_n}$

병렬연결 $= k_{eq} = k_1 + k_2 + \cdots + k_n$

스프링의 스프링상수가 k로 동일하다고 놓고 문제를 푼다.

① 위쪽 3개의 스프링(병렬, $3k$)과 아래의 스프링(k)이 서로 직렬로 연결

→ $\dfrac{1}{k_{eq}} = \dfrac{1}{3k} + \dfrac{1}{k} = \dfrac{4}{3k}$ 이므로, $k_{eq} = \dfrac{3}{4}k$

②③④ 4개의 스프링이 모두 병렬로 연결되어 있으므로 $k_{eq} = 4k$

⑤ 위쪽 2개의 스프링(병렬, $2k$)과 아래의 2개의 스프링(병렬, $2k$)이 서로 직렬로 연결

→ $\dfrac{1}{k_{eq}} = \dfrac{1}{2k} + \dfrac{1}{2k} = \dfrac{1}{k}$ 이므로, $k_{eq} = k$

고유각진동수는 아래와 같다.

① $w_n = \sqrt{\dfrac{k_{eq}}{m}} = \sqrt{\dfrac{\frac{3}{4}k}{m}} = \sqrt{\dfrac{3k}{4m}}$　　②③④ $w_n = \sqrt{\dfrac{k_e}{m}} = \sqrt{\dfrac{4k}{m}}$

⑤ $w_n = \sqrt{\dfrac{k_e}{m}} = \sqrt{\dfrac{k}{m}}$

참고 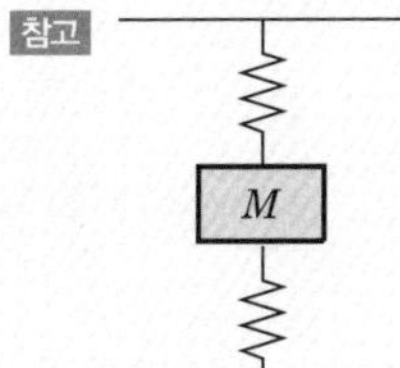

이런 모양은 서로 병렬연결로 취급한다.

정답 38. ①

39 물을 수직상방향으로 30m/s로 분출할 때, 최고점에 닿았을 때의 높이[m]는?

① 30 ② 35 ③ 42
④ 46 ⑤ 50

• 정답 풀이 •

연직방향으로 쏘아 올렸을 때, $v^2 - v_0^2 = 2aS$에서 최고점의 속도$(v) = 0$이며, 연직방향이므로 가속도가 중력의 반대로 작용하여 $a = -g$이다. 즉, $0 - v_0^2 = -2gh$라는 식으로 나타낼 수 있다.

$$\therefore h = \frac{v_0^2}{2g} = \frac{30^2}{2 \times 9.81} ≒ 45.87\text{m}$$

40 소요전력이 20W인 소형 모터를 하루에 3시간씩 30일 동안 사용하면 총전기요금은 얼마인가? [단, 100Wh당 전기단가는 1,500원]

① 17,000원 ② 27,000원 ③ 37,000원
④ 47,000원 ⑤ 57,000원

• 정답 풀이 •

전력량의 단위 와트시[Wh]는 전력[W]에 시간[h]을 곱해서 표현된다. 하루 3시간씩 30일은 90h이며, 소요전력[W]는 20W이므로 전력량[Wh] $= 90 \times 20 = 1,800$Wh
100Wh당 전기단가는 1,500원이므로 → $18 \times 1,500 = 27,000$원

정답 39. ④ 40. ②

02 2019 상반기 한국토지주택공사 기출문제

1문제당 6.67점 / 점수 [   ]점

01 다음 중 펌프의 수격현상 방지책으로 옳지 않은 것은 무엇인가?

① 서지 탱크를 관선에 설치한다.
② 관로의 부하 발생점에 공기 밸브를 설치한다.
③ 관로의 지름이 크게 하여 관 내 유속을 감소시킨다.
④ 관 내의 유속을 크게 한다.

• 정답 풀이 •

[펌프의 수격현상]
water harmmering이라고도 부르며, 관 속을 충만하게 흐르고 있는 액체의 속도를 급격히 변화시키게 되어 액체에 과도한 압력 변화가 발생하는 현상을 의미한다.
즉, **과도한 압력변화는 배관과 펌프의 파손 원인**이 된다. 앞선 정의처럼, 과도한 압력변화로 인해 펌프에 손실을 주는 것으로 관 내의 유속을 크게 한다면, 속도의 급격한 변화로 인해 펌프 수격현상을 일으킨다. 따라서, 관 내의 유속은 가능한 작게 해야 한다.
[펌프의 수격현상 방지방법]
• 관경을 굵게 하고 가능한 유속을 작게 해준다(1.5~2m/s**로 유지하는 것이 수격현상을 방지할 수 있다**).
• 펌프 토출측 체크밸브는 스모렌스키 체크밸브를 사용한다.
• 펌프 회전축에 플라이 휠(fly wheel)을 설치하여 펌프의 급격한 속도 변화를 방지한다.
• 펌프 토출측에 조압수조(surge tank) 또는 수격방지기(water hammer cusion)를 설치한다.
• 유량조절밸브를 펌프 토출측 직후에 설치하고 적당한 밸브 제어를 한다.

02 다음 하중의 종류 중 성격이 다른 하나는 무엇인가?

① 비틀림 하중 ② 휨하중 ③ 전단하중 ④ 충격하중

• 정답 풀이 •

하중은 크게 **정하중**과 **동하중**으로 나뉜다.
• **정하중(사하중)**: 하중의 크기와 방향이 시간에 따라 변하지 않고 일정한 하중을 의미한다. 정하중 종류로는 비틀림 하중, 휨하중(굽힘하중), 전단하중, 수직하중이 있다.
• **동하중(활하중)**: 하중의 크기와 방향이 시간에 따라 변하는 하중을 의미한다. 동하중 종류로는 충격하중, 반복하중(편진하중), 교번하중(양진하중), 연행하중, 이동하중 등이 있다.

정답 01. ④ 02. ④

03 두 개의 가벼운 풍선이 천장에 매달려 있다. 그림과 같이 풍선 사이로 공기를 불어 넣으면 두 개의 공은 어떻게 되겠는가?

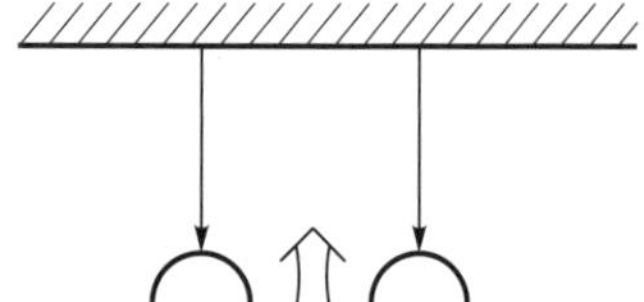

① 뉴턴의 법칙에 따라 벌어진다.
② 뉴턴의 법칙에 따라 붙는다.
③ 베르누이 법칙에 따라 달라붙는다.
④ 베르누이 법칙에 따라 벌어진다.

• 정답 풀이 •

베르누이 방정식 $\frac{P}{r}+\frac{V^2}{2g}+Z=C$의 식에서 보면 좌항과 우항의 값은 같다. 즉, 속도(V)가 클수록 압력(P)이 작아짐을 알 수 있다. 따라서 서로 달라붙게 된다.

04 공기 표준 사이클(air standard cycle)에 대한 설명으로 올바르지 않은 것은 무엇인가?

① 동작 물질은 이상기체로 보는 공기이며 비열은 일정하다.
② 동작물질의 연소과정은 가역과정이다.
③ 개방계이며 저열원에서 열을 받아 고열원으로 열을 방출한다.
④ 각 과정은 모두 내부적으로 가역과정이다.

• 정답 풀이 •

공기 표준 사이클은 밀폐 사이클을 이루며, 고열원에서 열을 받아 저열원으로 열을 방출한다.
열역학 가스동력 사이클에서 "공기표준 사이클"의 정의를 제대로 살피지 않았으면, 이 문제를 어렵게 느낄 수도 있다. 공기표준 사이클이 무엇인지 살피자.

[공기표준사이클]
실제 엔진 사이클에서는 실린더 내로 연료와 공기의 혼합기가 흡입되고 연소된 후, 연소 가스가 생성되어 배기되는 개방사이클로 이론적으로는 해석하기가 어려운 시스템이다. 따라서 이를 열역학적으로 해석을 용이하기 위해서 작동 유체를 "표준 공기"로 가정한 밀폐사이클로 가정하여 해석을 한다.

[공기표준사이클 기본 가정]
- 작동유체는 이상기체로 보는 공기이며, 비열은 일정, 즉 상수이다.
- 열 에너지의 공급(연소 과정) 및 방출(배기 과정)은 외부와의 열전달에 의해서 이루어진다.
- 사이클 과정 중에서 작동 유체의 양은 항상 일정하다.
- 연소 과정은 정적, 정압 및 복합(정적+정압) 과정으로 이상화된다.
- 사이클을 이루는 과정은 모두 내부적으로 가역과정이다.
- 압축 및 팽창과정은 단열(등엔트로피)과정이다.
- 동작물질의 연소과정은 가열과정으로 하고 **밀폐사이클**을 이루며 고열원에서 열을 받아 저열원으로 열을 방출한다.
- 연소과정 중 열해리(thermal dissociation)현상은 일어나지 않는다.

정답 03. ③ 04. ③

05 다음 중 무차원 수의 표현이 옳지 않은 것은 총 몇 개인가?

ㄱ. 프루우드수[관성력/중력]	ㅁ. 오일러수[동압/정압]
ㄴ. 레이놀즈수[관성력/점성력]	ㅂ. 마하수[음속/속도]
ㄷ. 코시수[관성력/탄성력]	ㅅ. 프란틀수[전도/소산]
ㄹ. 웨버수[관성력/표면장력]	ㅇ. 스트라홀수[진동/평균속도]

① 1개　　② 2개
③ 3개　　④ 4개

• 정답 풀이 •

무차원 수는 열전달 파트가 자주 나오는 가스공사에서 주로 출제되었지만, 현재 대다수의 공기업 시험에서 무차원 수를 물어보는 문제가 많이 나오고 있는 추세이다.
이 문제 또한, 기존의 무차원 수 정의를 정확하게 알지 못하면 풀 수 없었던 문제이다.
무차원 수는 정확하게 암기하고 시험장에 들어가자!
[문제집 무차원수 부록을 참고하여 암기!]

레이놀즈수	관성력/점성력	누셀수	대류계수/전도계수
프루드수	관성력/중력	비오트수	대류열전달/열전도
마하수	속도/음속, 관성력/탄성력	슈미트수	운동량계수/물질전달계수
코시수	관성력/탄성력	스토크수	중력/점성력
오일러수	압축력/관성력	푸리에수	열전도/열저장
압력계수	정압/동압	루이스수	열확산계수/질량확산계수
스트라홀수	진동/평균속도	스테판수	현열/잠열
웨버수	관성력/표면장력	그라쇼프수	부력/점성력
프란틀수	소산/전도 운동량전달계수/열전달계수	본드수	중력/표면장력

- **레이놀즈수**: 층류와 난류를 구분해주는 척도
  [파이프, 잠수함, 관유동 등의 역학적 상사에 적용]
- **프루드수**: 자유표면을 갖는 유동의 역학적 상사 시험에서 중요한 무차원수
  [수력도약, 개수로, 배, 댐, 강에서의 모형실험 등의 역학적 상사에 적용]
- **마하수**: 풍동실험에서 압축성 유동에서 중요한 무차원수
- **웨버수**: 물방울의 형성, 기체-액체 또는 비중이 서도 다른 액체-액체의 경계면, 표면장력, 위어, 오리피스에서 중요한 무차원수
- **레이놀즈와 마하수**: 펌프나 송풍기 등 유체기계의 역학적 상사에 적용하는 무차원수
- **그라쇼프수**: 온도차에 의한 부력이 속도 및 온도분포에 미치는 영향을 나타내거나 자연대류에 의한 전열현상에 있어서 매우 중요한 무차원수
- **레일리수**: 자연대류에서 강도를 판별해주거나 유체층 속에서 열대류가 일어나는지의 여부를 결정해주는 매우 중요한 무차원수

정답 05. ③

06 다음 비열비에 관한 설명으로 옳지 않은 것은 몇 개인가?

ㄱ. 정압비열은 정적비열보다 작다.
ㄴ. He의 비열비는 1.66이다.
ㄷ. CO_2와 H_2O의 비열비는 같다.
ㄹ. 비열비는 분자를 구성하는 원자수가 달라도 상관없다.

① 1개 ② 2개 ③ 3개 ④ 4개

• 정답 풀이 •

"비열비"에 대한 정확한 이해도를 키워야 한다.

[비열비(k)]

• **Cp(정압비열)과 Cv(정적비열)의 비를 의미한다.** 또한, k라 표현하며, $k=\dfrac{Cp}{Cv}>1$, 즉 정압비열이 정적비열보다 크다.

• **비열비(k)는 분자를 구성하는 "원자수"와 관련이 있다.** But, 원자수가 같으면, 가스 종류에 관계없이 비열비는 같다.

[주요 비열비 값]

• 1원자 비열비 $k=1.66$ (He, Ar etc)
• 2원자 비열비 $k=1.4$ (CO, H_2, O_2, HCl, Air)
• 3원자 비열비 $k=1.33$ (CO_2, H_2O, SO_2)

07 다음 중 여러 주철의 특징으로 옳지 않은 것은 무엇인가?

① 가단주철은 주강보다 낮은 강도를 가지고 있으며 피삭성이 좋지 않다.
② 미하나이트주철은 인장강도가 요구되는 부품의 재료로 사용된다.
③ 보통주철은 회주철 대표하는 주철로 페라이트와 편상흑연으로 구성되어 있다.
④ 백심가단주철의 주목적은 탈탄이며 흑심가단주철보다 강성이 다소 높으나 연신율은 작다.

• 정답 풀이 •

2019년 상반기 전공 트랜드는 기계재료와 제작문제가 많이 나오지는 않았지만, 나오면 제대로 알고 있는지 확인하는 문제로 제출되었다. 이 문제 또한, 주철의 기본적인 특징을 넘어서 주철의 종류에 대한 특징까지 알고 있는가를 묻고 있는 문제이다.

[가단주철]

가단주철은 고탄소의 주철로써 열처리에 의해 강인화되어 단조가 가능한 상태의 주철이다.
즉, 보통주철의 결점인 여리하고 약한 인성을 개선하기 위해서 백주철을 장시간 열처리(풀림)하여 탄소(C)의 상태를 분해 및 소실시켜 인성과 연성을 증가시킨 주철이다. 따라서 탄소의 함량이 높아졌기 때문에 주강과 같은 정도의 강도를 가지며 또한 인성과 연성을 증가시켰기 때문에 취성이 작아져 주조성과 피삭성이 좋아 다량생산에 적합해 자동차 부품, 파이프 이음쇠, 기어, 밸브 등에 사용된다.

정답 06. ② 07. ①

08 유압작동유의 첨가제로 적절하지 않은 것은 무엇인가?

① 산화방지제 ② 청정제
③ 유성향상제 ④ 유동점향상제

• 정답 풀이 •

유압작동유의 첨가제의 종류는 크게 6가지가 있다. 유동점 향상제는 없는 표현.
[유압작동유 첨가제의 종류]

- **산화방지제**: 공기 중 산소와 반응하여, 물리적·화학적 변질하는 것을 막는 작용을 한다.
- **방청제**: 금속표면에 보호막을 형성하여 녹이 발생하는 것을 방지한다. 종류로는 유기산에스테르, 지방산염이 있다.
- **점도지수향상제**: 고분자화합물을 사용한 것으로, 점도지수를 높여서 온도에 따른 점도 변화를 적게 해주는 것이다.
- **소포제**: 거품을 빨리 유면에 부상시켜서 거품을 없애는 작용을 한다. 종류로는 실리콘유, 실리콘의 유기화합물 등이 있다.
- **유성향상제**: 유막이 끊어지지 않게 해주는 작용을 한다.
- **유동점강하제**: 유동점을 낮추어 유압유 중에 함유된 납(Pb)이 굳지 않게 하려고 넣는 물질로, 종류로는) 파라핀이 있다.

09 깊이가 8cm이고 직경이 8cm인 물컵에 물이 담겨있다. 이 컵을 회전반 위의 중심축에 올려놓고 30rad/s의 각속도로 회전시켰을 때 물이 막 넘치게 된다면 물컵의 중심에서 수면의 높이는 바닥으로부터 몇 cm인가? [단, 중력가속도는 10m/s^2]

① 4.88cm ② 4.4cm ③ 5.5cm ④ 7.88cm

• 정답 풀이 •

문제와 같은 현상은 **등속회전 운동을 받는 유체**의 모습이다. 등속회전운동을 진행했을 경우, 임의의 반경 r에서의 액면 상승 높이(h)는

$h=\dfrac{r^2w^2}{2g}$, [단, $r=$ 반경, $w=$ 각속도[rad/s], $g=$ 중력가속도[m/s^2]]이다.

주어진 문제에서 d(직경)$=8\text{cm}$ 이므로 반경(r)$=4\text{cm}=0.04\text{m}$ 이다.

모든 조건들을 대입했을 경우, 액면 상승 높이(h)는

$h=\dfrac{0.04^2\times 30^2}{2\times 10}=\dfrac{72}{1000}=0.072\text{m}=7.2\text{cm}$ 가 된다.

결국, 물의 회전 후 물이 깊이(= 높이)는 전체 주어진 깊이(L)에서 액면 상승높이(h)의 절반을 빼주면 된다.

$\therefore\ H=L-\dfrac{h}{2}=8-3.6=4.4\text{cm}$

정답 08. ④ 09. ②

10 그림과 같은 보에서 D점의 굽힘 모멘트(moment)의 크기는 몇 N · m인가?

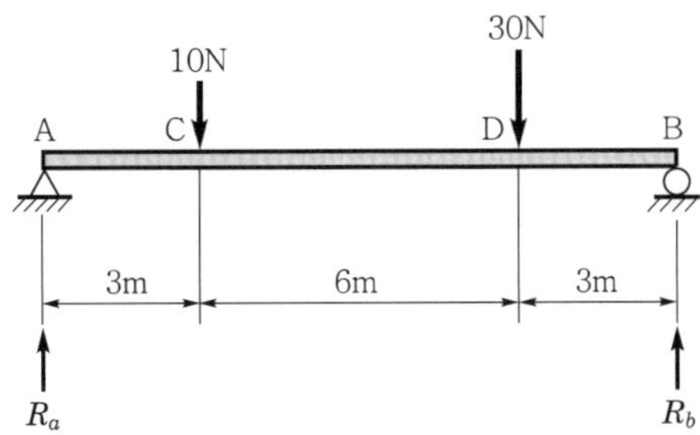

① 65N · m
② 85N · m
③ 75N · m
④ 55N · m

• 정답 풀이 •

D점의 모멘트를 구하기 위해서는 먼저 D지점에서 보를 자르고 편리한 부분을 먼저 판단한다. D점에서 자른 후, 좌측과 우측을 확인하면 좌측은 A반력과 C점에 작용하는 10N을 고려해야 한다. 하지만 우측은 B반력 1개만 고려하면 된다. 그렇기 때문에 하중이 적은 좌측을 고려하는 것이 편리할 것이다. 즉, B반력만 구하면 답은 쉽게 처리될 것이다. **B점의 반력을 구한 후, B지점에서 D지점까지의 거리를 곱해주면 D점에서의 굽힘모멘트가 도출된다.** 그리고 D지점에서 자른 후, 작용하는 반력모멘트는 서로 방향만 다를 뿐 크기는 동일하여 서로 상쇄되므로 보가 안정한 상태에 있는 것이다.

$\sum M_A = 0 \rightarrow 12\text{m} \times R_b - 3\text{m} \times 10\text{N} - 9\text{m} \times 30\text{N} = 0 \rightarrow R_a = 25\text{N}$

$\therefore\ M_D = 3\text{m} \times 25\text{N} = 75\text{N} \cdot \text{m}$

정답 10. ③

11 다음은 표면장력에 대한 설명이다. 보기 중 표면장력에 대한 설명으로 옳지 <u>않은</u> 것은 총 몇 개인가?

> ㄱ. 표면장력은 단위길이당 작용하는 힘이다.
> ㄴ. 표면장력은 부착력이 응집력보다 컸을 때 발생한다.
> ㄷ. 표면장력은 온도가 높아지면 커진다.
> ㄹ. 표면장력의 크기는 수은 > 물 > 에탄올 > 비눗물이다.

① 1개
② 2개
③ 3개
④ 4개

• 정답 풀이 •

표면장력에 관한 문제는 이번 상반기에 여러 기업에서 출제되었다. 표면장력에 대한 다양한 설명에 대해 알아보자.

[표면장력]

- 표면장력의 단위는 N/m이며, 표면장력은 물의 냉각효과를 떨어뜨린다.
  분자 사이에 작용하는 힘에 따라 분자가 서로 접촉하여 응축하려고 하며, 이에 따라 표면적이 작은 원모양이 되려고 한다. 또한 모든 방향으로 같은 크기의 힘이 작용하여 합력은 0이다.
- 물방울의 표면장력은 $\frac{\Delta Pd}{4}$, 비눗방울은 얇은 2개의 막을 가지므로 $\frac{\Delta Pd}{8}$이다.
- 유체의 표면에 작용하며 표면적을 최소화하려는 힘의 일종이다.
- **응집력이 부착력보다 큰 경우에 표면장력이 발생한다.**
- 물에 함유된 염분은 표면장력을 증가시킨다.
- 온도가 상승하면 표면장력은 감소하며 표면장력이 클수록 분자 인력이 강해 증발이 늦게 일어난다.
  수은 > **물** > **비눗물** > **에탄올** 순으로 크며, 합성세제 및 비누 같은 계면활성제는 물에 녹아 물의 표면장력을 감소시킨다. 또한 표면장력은 온도가 높아지면 낮아진다. **(암기법: 스물~스물~ 비가 내리네.. 에구~)**
- 액체 표면에서 일어나는 현상이다. 또한 액체-액체, 액체-기체 사이에서도 일어난다.

정답 11. ③

12 다음 그림과 같이 $T_1 = 400\text{K}$, $T_2 = 700\text{K}$, $T_3 = 1{,}200\text{K}$, $T_4 = 600\text{K}$인 공기를 작동유체로 하는 브레이튼 사이클(brayton cycle)의 이론 열효율은? [단, $\text{Cp} = 1.00\text{kJ/kg}\cdot°\text{C}$]

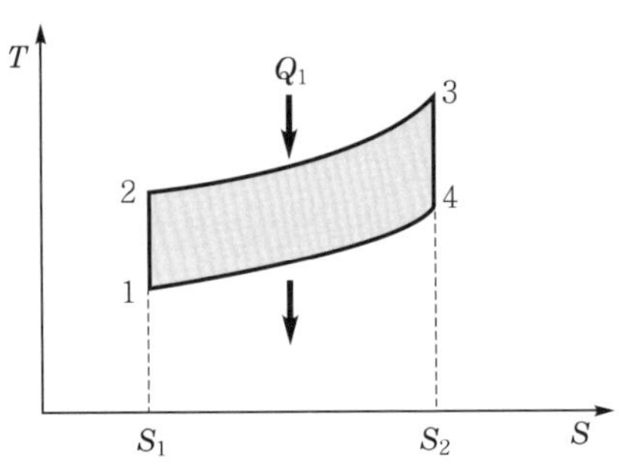

① 0.4
② 0.5
③ 0.6
④ 0.7

• 정답 풀이 •

브레이튼 사이클은 **가스터빈의 이상사이클로서** joule cycle(**줄사이클**)이라고도 한다. 또한 정압하에서 연소하기 때문에, **정압연소 사이클**이라고도 부른다. 브레이튼 사이클은 **2개의 정압변화와 2개의 단열과 정**으로 이루어져 있다. 이와 같은 브레이튼 사이클의 열효율을 구하는 공식은 다음과 같다.

$$\eta_B = \frac{Aw}{q_1} = 1 - \frac{q_2}{q_1} = 1 - \frac{C_P(T_4 - T_1)}{C_P(T_3 - T_2)}$$

위 공식 중 문제는 $1 - \frac{C_P(T_4 - T_1)}{C_P(T_3 - T_2)}$의 식을 이용해서 정답을 구하면 된다.

즉, 문제에서 어떤 조건이 제시되었는지 파악하고 알맞게 공식에 넣어서 열효율을 구하면 된다. 문제의 조건값을 식에 대입하면

$$\eta_B = 1 - \frac{600\text{K} - 400\text{K}}{1{,}200\text{K} - 700\text{K}} = 1 - \frac{200\text{K}}{500\text{K}} = 1 - \frac{2}{5} = 0.6$$

정답 12. ③

13 다음의 조건을 통해 펌프의 비교회전도를 구하라.

- 펌프의 회전속도: 10rpm
- 펌프의 유량: $400m^3/min$
- 펌프의 전양정: 16m

① 20
② 25
③ 30
④ 35

• 정답 풀이 •

펌프의 비교회전도를 구하는 공식만 알면 간단하게 풀 수 있는 문제이다. 유압기기나 유체기계 관련 문제가 한 문제 정도 나오는 곳이라면 충분히 출제될 수 있는 문제이기에 정확하게 공식을 알고 가는 것이 중요하다.

[펌프의 비교회전도(η_s)]

한 회전차를 형상과 운전상태를 상사하게 유지하면서 그 크기를 바꾸어 단위송출량에서 단위양정을 내게 할 때 그 회전차에 주어져야 할 회전수를 기준이 되는 회전차의 비속도 또는 비교회전도라고 한다. **회전차의 형상을 나타내는 척도로 펌프의 성능이나 적합한 회전수를 결정하는 데 사용한다.**

$n_s = \dfrac{n\sqrt{Q}}{H^{\frac{3}{4}}}$ [단, n: 펌프의 회전수, Q: 펌프의 유량, H: 펌프의 양정]

식에서 H, Q는 일반적으로 특성 곡선상에서 최고 효율점에 대한 값들을 대입한다. 또한 양흡입일 경우는 Q 대신 $Q/2$를 대입해서 사용하면 된다.

$\therefore \eta_s = \dfrac{10\times\sqrt{20^2}}{(2^4)^{\frac{3}{4}}} = 25$

정답 13. ②

14 원뿔대 형태의 주춧돌을 비중량 10kN/m^3의 벽돌로 만들었다. 주춧돌에서 바닥으로부터 높이가 1m 되는 부분에 작용되는 수직응력은 몇 [kPa]인가?

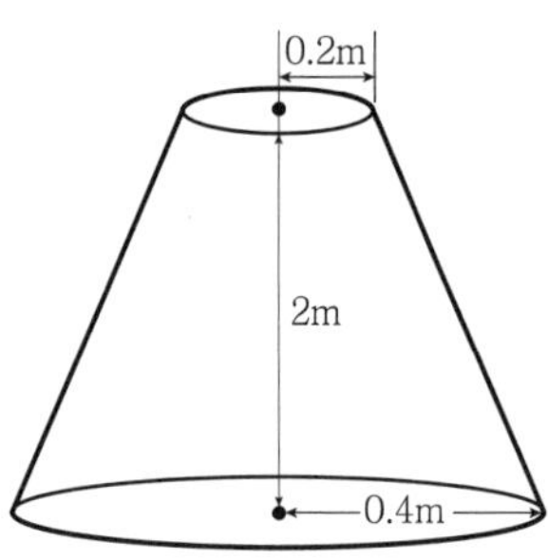

① 3.519kPa ② 7.038kPa
③ 35.19kPa ④ 70.38kPa

• 정답 풀이 •

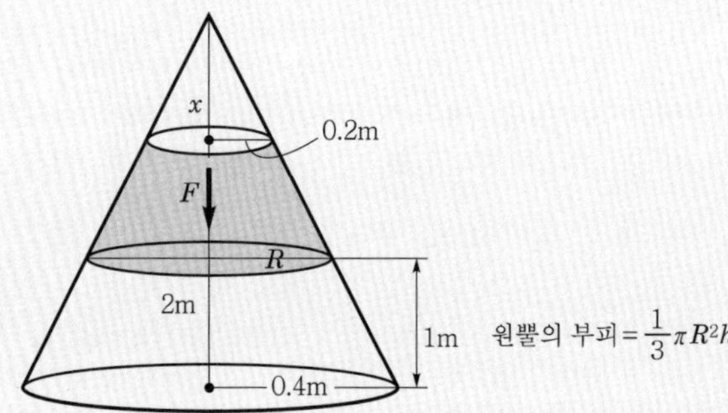

음영된 부분의 부피를 구하는 것이 먼저이다. 우선 비례식을 사용하여 x와 바닥으로부터 1m 높이에 있는 바닥면의 반지름 R을 구하도록 하자.

$x:(x+2)=0.2:0.4 \rightarrow 0.2x+0.4=0.4x \rightarrow 0.2x=0.4 \rightarrow x=2\text{m}$

$3:R=4:0.4 \rightarrow 4R=1.2 \rightarrow R=0.3\text{m}$

이제 음영된 부분의 부피를 구한다. 단면 반지름이 0.3m인 원뿔의 부피에서 단면 반지름이 0.2m인 원뿔의 부피를 빼주면 음영된 부분의 부피가 도출된다.

$$V_{\text{음영}}=\frac{1}{3}\pi\times0.3^2\times3-\frac{1}{3}\pi\times0.2^2\times2 \fallingdotseq 0.199\text{m}^3$$

$$F=\gamma V_{\text{음영}}=10{,}000\text{N/m}^3\times0.199\text{m}^3=1{,}990\text{N}$$

$$\sigma=\frac{F}{A_{\text{바닥에서 1m 높이 지점}}}=\frac{1{,}990\text{N}}{\frac{1}{4}\pi\times0.6^2[\text{m}^2]}=\frac{4\times1{,}990}{\pi\times0.36}[\text{N/m}^2]\fallingdotseq 7.038\text{kPa}$$

정답 14. ②

15 유리창을 통한 외부에서 내부로의 열전달을 고려할 때 다음과 같은 조건에서 외부에서 내부로의 열전달량은?

- 내부온도 : 20K
- 외부온도 : 30K
- 유리창의 두께 : 10mm
- 유리창의 넓이 : $10m^2$
- 유리창의 열전도도 : 0.5W/m·K
- 외부대류 열전달계수 : $10W/m^2 \cdot K$
- 내부대류 열전달계수 : $20W/m^2 \cdot K$

① 500 ② 588 ③ 642 ④ 761

• 정답 풀이 •

대류 열량 $Q = KA\Delta T$에서 총 열전달계수 K를 구한다.

$$\frac{1}{K} = \frac{1}{\alpha_1} + \frac{L}{\lambda} + \frac{1}{\alpha_2}$$ [단, $\alpha_{1,2}$ = 열전달계수, λ = 열전도도, L = 열전달면 두께]

$$\frac{1}{K} = \frac{1}{10} + \frac{0.01}{0.5} + \frac{1}{20} \quad \therefore K = 5.88W/m^2 \cdot K$$

$$Q = 5.88 \times 10m^2 \times (30-20) = 588W$$

16 다음 황동에 대한 설명으로 옳지 않은 것은?

① 황동은 Zn이 30%일 때 연신율이 최대이며, 40%일 때 인장강도가 최대이다.
② 황동은 Zn 함유량의 변화에 따라 색상이 변화한다.
③ 7:3 황동은 600°C 이상에서는 고온취성이 생기므로 고온가공이 부적당하다.
④ Zn의 함유량이 50%일 때 전기저항이 최대이다.

• 정답 풀이 •

[황동의 주요 특징]

- **황동은 일명 "놋쇠"라고도 하며 Cn와 Zn의 합금이다.**
- 황동은 **Zn이 40%일 때 인장강도가 최대, 30%일 때 연신율**이 최대이다.
  - **암기법**: 인장강도 4글자 40%, 연신율 3글자 30%
- Zn이 **50%일 때 전기전도도가 최대**이다. 따라서 **전기저항은 최소**이다.
  - **암기법**: 전기전도도 5글자 50%
- 주조성, 가공성 및 내식성이 좋다.
- 청동에 비하여 가격이 싸고 색깔이 아름답다.
- Zn(아연)의 함유량의 변화에 따라 색상이 변화한다.
  - 참고 7% Zn까지는 **동정색**, 7~17% Zn은 **적황색**, 18~30% Zn은 **담황색**, 50% Cu에서는 **황금색**
- 7:3황동은 600°C 이상에서는 고온취성이 생기므로 고온가공이 부적당하다.
- 6:4황동은 600°C 이하에서 가공할 수 있다.
- **가전제품, 자동차 부품, 탄피 가공재** 등에 쓰인다.

정답 15. ② 16. ④

17 다음 중 축추력(Axial Thrust)의 방지법으로 틀린 것은?

① 양흡입형 회전차를 사용한다.
② 다단펌프의 경우 단수만큼 대칭이 되도록 설치하는 자기평형 방식을 채용한다.
③ 평형공이나 평형원판을 사용한다.
④ 스러스트 베어링을 사용하며 전면측벽에 방사상의 리브를 설치한다.

• 정답 풀이 •

[축추력(Axial Thrust)]
단흡입회전차에 있어서 전면측벽과 후면측벽에 작용하는 **정압**에 차이가 생기기 때문에 축 방향으로 작용하는 힘을 **축추력**이라 한다.
[축추력 방지법]
- 평형공을 설치한다(구멍을 뚫어 압력차를 없애는 방법).
- 평형원판(Balance disk)을 설치한다.
- 양흡입형 회전차를 사용한다.
- 후면측벽에 방사상의 **리브**(rib)를 설치한다.
- 다단펌프의 경우 단수만큼 회전차를 반대방향으로 서로 대칭이 되도록 배열한다[**자기평형**(Self balance) 방식].
- 스러스트 베어링을 설치하여 사용한다.

암기법: 평양 리자드(스)

18 A측에서 5MPa의 압력으로 기름을 보낼 때, B측 출구를 막으면 B측에 발생하는 압력은 몇 [MPa]인가? [단, 실린더에서 로드에는 부하가 없는 것으로 가정하며 실린더 안지름은 80mm, 로드의 지름은 40mm]

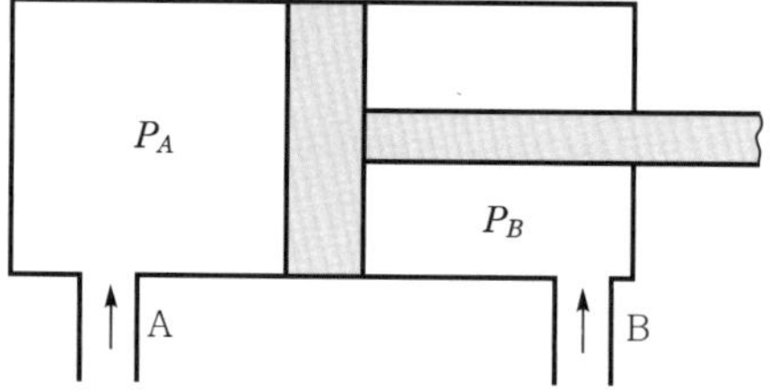

① 20MPa
② 1.25MPa
③ 6.67MPa
④ 10MPa

• 정답 풀이 •

$P_A\left(\frac{1}{4}\pi D_A^2\right) = P_B\left[\frac{1}{4}\pi\,(D_A^2 - D_B^2)\right]$ [단, D_A = 실린더 안지름, D_B =로드의 지름]

$\rightarrow P_A\left(\frac{1}{4}\pi D_A^2\right) = P_B\left[\frac{1}{4}\pi\,(D_A^2 - D_B^2)\right] \rightarrow P_A \times D_A^2 = P_B \times (D_A^2 - D_B^2)$

$\rightarrow P_B = \frac{P_A D_A^2}{D_A^2 - D_B^2} = \frac{5 \times 80^2}{80^2 - 40^2} = \frac{32{,}000}{4{,}800} \fallingdotseq 6.67\text{MPa}$

정답 17. ④ 18. ③

19 다음 중 습공기 선도에 관한 설명으로 틀린 것은?

① 절대습도와 건구온도와의 관계 선도이다.
② air washer를 이용하면 절대습도는 증가한다.
③ 포화상태가 아닐 때 습구온도 > 건구온도 > 노점온도 순으로 온도가 높다.
④ 공기를 냉각하게 되면 상대습도는 증가한다.

• 정답 풀이 •

[습공기선도(공기선도)]

- 절대습도(x)와 건구온도(t)와의 관계 선도이다.
- 건구온도, 습구온도, 노점온도, 절대습도, 상대습도, 수증기분압, 비체적, 엔탈피, 현열비, 열수분비를 알 수 있다.
- 공기를 냉각하거나 가열하여도 절대습도는 변하지 않는다.
- 공기를 냉각하면 상대습도는 높아지고, 가열하면 상대습도는 낮아진다.
  → 습도를 해석하는 방법: A점 상태의 공기를 냉각하면 x축의 건구온도가 낮아지기 때문에 좌측으로 A점이 이동하게 될 것이다. 그렇게 되면 상대습도 100%선과 가까워지기 때문에 상대습도는 높아진다고 볼 수 있다.

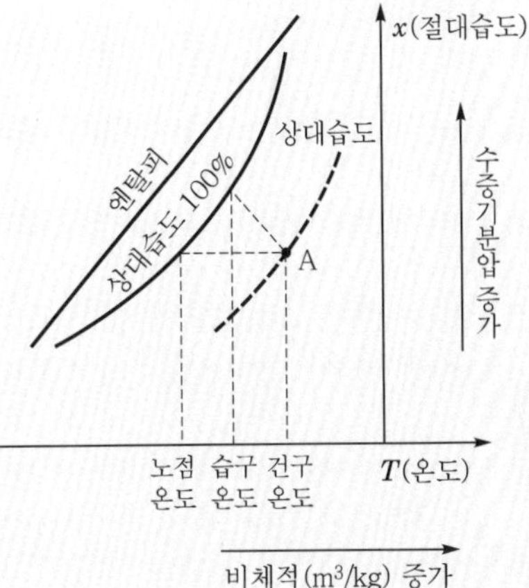

- 습구온도와 건구온도가 같다는 것은 상대습도가 100%인 포화공기임을 뜻한다.
- 습구온도가 건구온도보다 높을 수는 없다.

→ A점에서 air washer를 이용하여 공기를 가습하게 되면 Y축의 절대습도가 증가하여 A점은 상방향으로 이동한다.

[암기!]

- 공기 가습법: air washer 이용법, 수분무가습기법, 증기가습기법

상태	건구온도	상대습도	절대습도	엔탈피
가열	↑	↓	일정	↑
냉각	↓	↑	일정	↓
가습	일정	↑	↑	↑
감습	일정	↓	↓	↓

정답 19. ③

20 통과 공기 중에 냉·온수를 분무하여 공기 중의 먼지 등을 세정하고 냉각·감습 또는 가열·가습을 하여 온·습도 조절을 목적으로 하는 장치는?

① 에어와셔
② HEPA 필터
③ 에어필터
④ 스트레이너

• 정답 풀이 •

공기조화기기에 관한 내용으로 공기조화를 공부했다면, 쉽게 맞출 수 있는 문제이다. 공기조화는 냉동공조가 중요한 공기업에서 자주 출제되는 내용이므로 그쪽 분야의 회사에 관심이 있으면 꼭 내용을 공부하자!

[고성능 필터(HEPA: High Efficiency Particulate Air filter)]

- $0.3\mu m$인 입자의 먼지 제거 효율이 99.9%인 성능을 가지고 있어 병원 수술실, 방사성 물질 취급소, 클린룸 등 미립자를 여과하는 데 사용된다.
- DOP(계수법)에 측정되는 99.7% 이상의 효율을 내는 필터로 여과제는 주로 아스베스토스파이버를 많이 사용되며 글래스파이버도 사용된다.
- 99.97%의 높은 집진효율을 낼 수 있기 때문에 필터의 메시가 촘촘해져, 공기저항이 커지기 때문에 충분한 송풍량을 얻기 위해선 설계에 유의해야 한다.

[필수암기]

- 에어와셔(Air Washer: A · W): 통과 공기 중에 냉·온수를 분무하여 공기 중의 먼지 등을 세정하고 냉각·감습 또는 가열·가습을 하여 온·습도 조절을 목적으로 하는 장치
- 에어필터(air filter): 공기 중에 포함되어 있는 매연, 분진 등의 오염물질을 제거하는 장치

[효율을 측정하는 방법]

- 계수법(DOP법): 고성능 필터의 효율을 측정하는 방법으로 일정한 크기의 시험입자($0.3\mu m$)를 사용하여 먼지 계측기로 측정하는 데 적합하다.
- 중량법: 필터에서 집진되는 먼지의 중량으로 효율을 결정하고 비교적 큰 입자를 대상으로 한다.
- 변색도법(비색법): 작은 입자를 대상으로 필터에서 포진된 공기를 여과기에 통과시켜 그 오염도를 광전관을 사용하여 측정하는 방법이다.

정답 20. ①

03 2019 상반기 한국가스안전공사 기출문제

1문제당 2.5점 / 점수 [ ]점

01 고압탱크, 보일러와 같이 기밀을 필요로 할 때, 리벳공정이 끝난 후 리벳머리 주위 및 강판의 가장 자리를 해머로 때려 완전히 밀착시켜 틈을 없애는 작업은?

① 코킹 ② 플러링
③ 리벳팅 ④ 리벳

• 정답 풀이 •

문제 해설 자체가 코킹의 정의를 의미한다. 기계설계 4단원 파트로서, 코킹, 플러링, 리벳팅을 비교하는 문제는 자주 출제되고 있는 추세이다.

[추가적인 용어 설명]

- **플러링**: 기밀을 더욱 완전하게 하기 위해서 또는 강판의 옆면 형상을 재차 다듬기 위해 강판과 같은 두께의 공구로 옆면을 때리는 작업
- **리벳팅**: 가열된 리벳의 생크 끝에 머리를 만들고 스냅을 대고 때려 제2의 리벳머리를 만드는 공정

02 다음 그림에서 나타낸 용접부의 기본 기호로 옳은 것은?

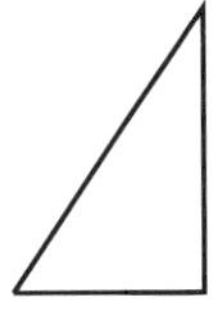 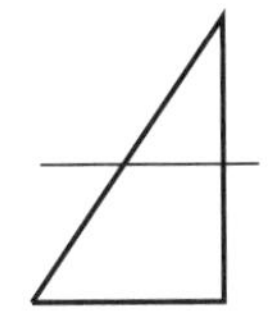

① 필릿용접 ② 플러그
③ 덧붙임 ④ 비드 살돋음

• 정답 풀이 •

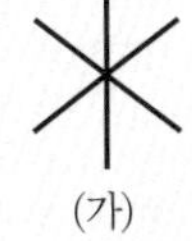
(가)

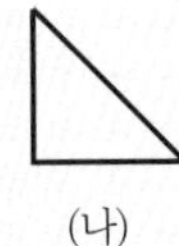
(나)

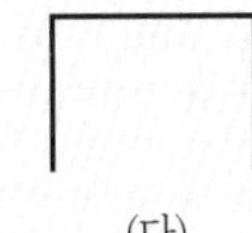
(다)

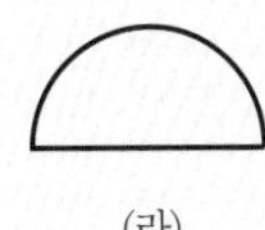
(라)

(가) 점용접, 심용접, 프로젝션용접
(나) 필릿용접
(다) 플러그용접, 슬롯용접
(라) 비드용접

정답 01. ① 02. ①

03 다음 보기에서 설명하는 것은 무엇인가?

• 주물의 두께 차이로 인한 냉각속도 차이를 줄이기 위해 설치한다. • 수축공을 방지하기 위해 설치한다.

① 덧붙임
② 냉각쇠
③ 콜드셧
④ 수축공

• 정답 풀이 •

[수축공의 방지에 쓰이는 냉각쇠의 주요 특징]
- 주형보다 열흡수성이 좋은 재료를 사용한다.
- 고온부와 저온부가 동시에 응고되기 위해서 사용한다. 즉, 주물의 두께 차이로 인한 냉각속도 차이를 줄인다.
- 가스 배출을 고려하여 **주형의 하부**에 부착한다. 가스는 가볍기 때문에 주형의 윗부분을 통해 배출된다. 따라서 냉각쇠를 주형의 상부에 설치하면, 주형 상부로 이동하는 가스가 냉각쇠에 접촉하자마자 바로 응축되어 가스액이 되고 쇳물에 떨어져 주물에 결함을 발생시킬 수 있다.
- 두꺼운 부분과 얇은 부분이 동시에 응고되도록 하기 위하여 사용한다.
- 주물의 응고속도를 증가시키기 위해 사용한다.

[냉각쇠의 종류]
선, 와이어, 판 등 존재

04 유체를 정의하고자 한다. 어떻게 정의할 수 있는가?

① 유체는 작은 힘에도 비교적 큰 변형을 일으키지 않는다.
② 유체는 전단력을 받았을 때, 변형에 저항할 수 있는 물질이다.
③ 유체는 유체 내부에 수직응력이 작용하는 한 변형은 계속된다.
④ 유체는 유체 내부에 전단응력이 작용하는 한 변형은 계속된다.

• 정답 풀이 •

유체의 정의를 정확하게 알지 못하면 틀릴 수밖에 없는 문제이다.
[유체의 정의]
전단력을 받았을 때 저항하지 못하고 연속적으로 변형하는 물질로 유체는 **유체 내부에 전단응력이 작용하는 한 변형은** 계속된다.

정답 03. ② 04. ④

05 두 재료를 천천히 가까이 접촉시키면 접촉면에 단락 대전류가 흘러 예열되고 이를 반복하여 접촉면이 적당한 온도로 가열되었을 때 강한 압력을 주어 압접하는 방법은?

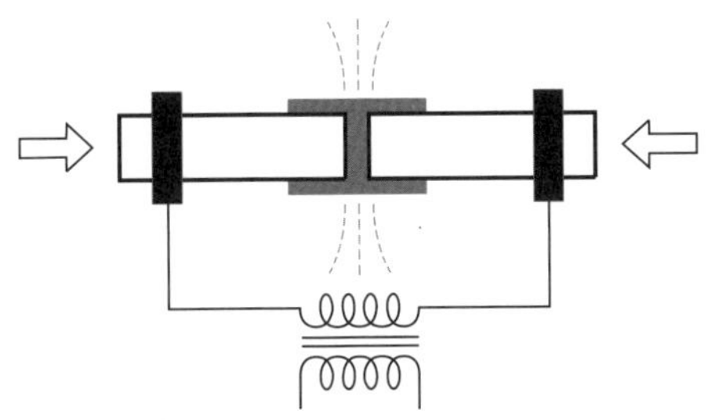

① 업셋 용접　　② 플래시 용접
③ 퍼커션 용접　　④ 점 용접

• 정답 풀이 •

2019년도 상반기 한국가스안전공사에서는 이 문제와 같이 그림과 이에 대한 방법을 설명해주는 형태의 문제가 나왔다. **"플래시 용접 = 불꽃 용접"**임을 안다면, 그림만 보고도 쉽게 문제를 해결할 수 있을 것이다. 플래시 용접은 이처럼 두 모재에 전류를 공급하고 서로 가까이 하면 **접합할 단면과 단면 사이에 "아크"가 발생**해 고온의 상태로 **모재를 길이방향으로 압축하여 접합**하는 용접이다. 즉, 철판에 전류를 통전하여 "외력"을 이용해 용접하는 방법으로 비소모 용접방법이다.

✓ **용도**: 레일, 보일러 파이프, 드릴의 용접, 건축재료, 파이프, 각종 봉재 등 중요 부분 용접에 사용한다.

06 다음 그림과 같이 어떤 재료에 서로 직각으로 압축응력 300MPa, 인장응력 100MPa이 작용할 때, 그 재료 내부에 생기는 최대전단응력은 몇 [MPa]인가?

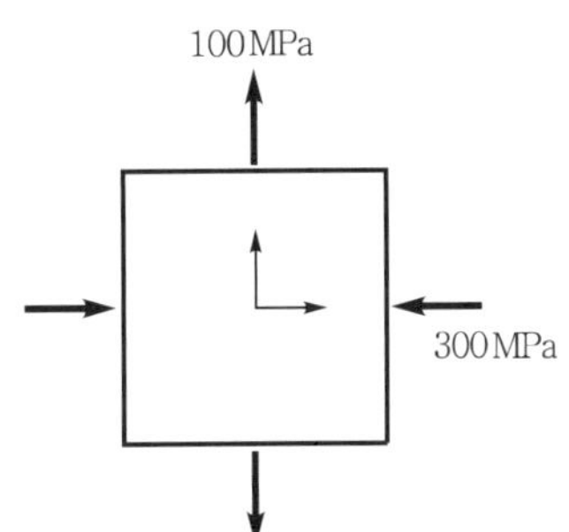

① 100MPa
② 200MPa
③ 300MPa
④ 400MPa

최대전단응력(τ_{max}) $= \frac{1}{2}(\sigma_x - \sigma_y)$으로 구한다.

$\sigma_x = -300\text{MPa}$, $\sigma_y = 100\text{MPa}$

$$\tau_{max} = \frac{1}{2}(-300-100)\text{MPa} = \frac{1}{2} \times (-400\text{MPa}) = -200\text{MPa}$$

∴ 최대전단응력 크기는 200MPa이다.

정답 05. ② 06. ②

07 다음 영구주형 주조의 종류가 아닌 것은?

① 다이캐스팅 ② 원심주조법
③ 세라믹주조법 ④ 가압주조법

• 정답 풀이 •

이 문제는 영구주형 주조(비소모성 주형)의 종류에 대해 알고 있는가에 대한 문제이다. **"다가슬원스반"**을 기억하자.

[영구주형의 종류]

- **다이캐스팅**: 용융금속을 영구주형 내에 대기압 이상의 높은 압력으로 빠르게 주입하여 용융금속이 응고할 때까지 압력을 가하여 압입하는 주조 방법
- **가압주조**: 저압주조라고도 불리며, 용탕이 아래에서 위로 주입되도록 가압 주입
- **슬러쉬(slush)주조**: 미응고된 용탕을 거꾸로 쏟아내는 주조법으로 장난감, 장식품 등을 만들 때 사용되는 주조 방법
- **원심주조**: 고속회전하는 사형 또는 금형주형에 쇳물을 주입하여 원심력에 의하여 주형내면에 압착시켜 응고되도록 주물을 주조하는 방법
- **스퀴즈캐스팅(squeeze casting)**: 주조와 단조의 조합으로 용탕을 주입한 후 펀치 금형으로 가압하는 주조 방법. 제품 내 미세기공이 없고 기계적 성질이 좋아 후가공이 필요 없다.
- **반용융주조법**: 고체와 액체의 공존상태의 합금재료에 기계적인 회전 교반을 가해 균질한 변형이 가능한 미세한 결정립 재료를 만드는 방법

08 허용전단응력이 2kg/mm^2이고, 길이가 200mm인 성크키에 4,000kg의 하중이 작용할 때, 이 키의 폭은 몇 mm로 설계할 수 있는가?

① 10mm ② 20mm
③ 30mm ④ 40mm

• 정답 풀이 •

키의 허용전단응력 식을 알고 있는가를 묻는 문제이다. 실제 가스안전공사 시험문제에서도 조건을 주고 주어진 식에 대입해 응력값을 알아내는 문제가 나왔다.

[키의 허용전단응력]

$$\tau_k = \frac{W}{A} = \frac{W}{bl}$$

$$\therefore b(\text{키의 폭}) = \frac{W}{\tau_k \times l} = \frac{4{,}000}{2 \times 200} = 10\text{mm}$$

정답 07. ③ 08. ①

09 부력에 대한 설명으로 옳지 않은 것은?

① 부력은 잠겨있고 떠 있는 물체의 작용하는 수평방향의 힘이다.
② 부력은 잠겨있고 떠 있는 물체의 작용하는 수직상방향의 힘이다.
③ 부력은 정지유체 속에 있는 물체 표면에 작용하는 표면력의 합력을 의미한다.
④ 부력은 물체가 밀어낸 부피만큼의 액체의 무게를 의미한다.

• 정답 풀이 •

부력에 대한 설명은 상반기에 자주 출제되었던 개념이다. 예전에는 부력의 정의를 활용한 계산문제가 나왔다면, 요새는 부력의 정의를 정확하게 알고 있는지를 물어보고 있다.

부력은 아르키메데스의 원리이다.
물체가 밀어낸 부피만큼의 액체 무게라고 정의된다.

- 어떤 물체에 가해지는 부력은 그 물체가 대체한 유체의 무게와 같다.
- 어떤 물체가 유체 안에 있으면, 물체가 잠긴 부피만큼의 유체의 무게가 부력과 같다.
- 부력은 **중력과 반대방향으로 작용(수직상향의 힘)**하며, 한 물체를 각기 다른 액체 속에 일부만 잠기게 넣으면 결국 부력은 물체의 무게[mg]와 동일하게 작용하여 물체가 액체 속에서 일부만 잠긴 채 뜨게 된다. 따라서 부력의 크기는 모두 동일하다[부력 = mg].
- 부력은 결국 대체된 유체의 무게와 같다.
- 부력은 유체의 압력차 때문에 생긴다. 구체적으로 유체에 의한 압력은 $P = rh$에 따라 깊이가 깊어질수록 커지게 된다. 즉, 한 물체가 물 속에 있다면 상대적으로 깊은 부분과 얕은 부분(윗면과 아랫면)이 생긴다. 따라서 더 깊이 있는 부분이 더 큰 압력을 받아 위로 향하는 힘, 즉 부력이 생기게 된다.

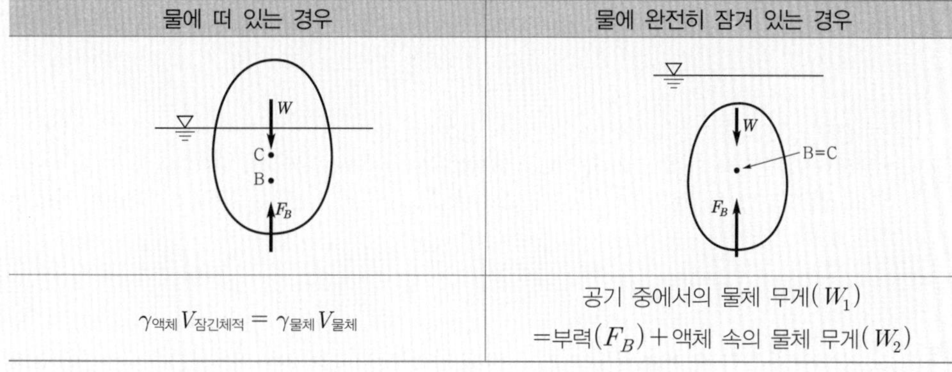

물에 떠 있는 경우	물에 완전히 잠겨 있는 경우
$\gamma_{\text{액체}} V_{\text{잠긴체적}} = \gamma_{\text{물체}} V_{\text{물체}}$	공기 중에서의 물체 무게(W_1) =부력(F_B)+액체 속의 물체 무게(W_2)

정답 09. ①

10 다음은 응력-변형률선도이다. 여기서 [A]가 나타내는 것은 무엇인지 고르시오.

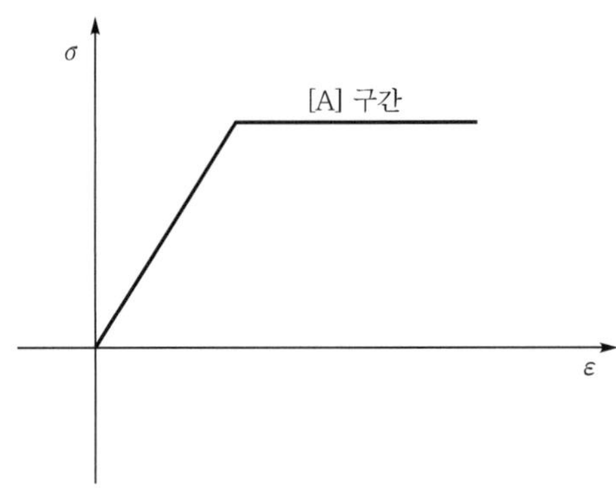

① 탄성한계　　② 완전소성
③ 극한강도　　④ 항복점

• 정답 풀이 •

[A] 구간은 완전소성 구간이다.
기존 응력-변형률선도의 모양과는 다른 형태라 넓게 보지 않았으면 생소했을 수도 있는 문제이다. 위 그림에서 꺾이는 부분이 항복점이며 그 구간 이후로, 일직선 형태인 [A] 구간은 인장력이 증가하지 않아도 강의 변화량이 현저히 증가하는 구간으로 외력을 가해도 탄성한계가 넘으면 응력값이 일정하게 유지된다.

[필수사항]
- **비례구간**: 선형구간이라고도 하며, 응력과 변형률이 비례하는 구간으로 후크의 법칙이 된다. 또한 이 구간의 기울기가 탄성계수 E이다.
- **변형경화**: 결정구조 변화에 의해 저항력이 증대되는 구간이다.
- **완전소성**: 인장력이 증가하지 않아도 강의 변화량이 현저히 증가하는 구간이다.
- **네킹구간**: 단면 감소로 인해 하중이 감소하는 데도 불구하고 인장하중을 받는 재료는 계속 늘어나는 구간이다.

11 다음의 유량계측기 중 계측용 부자가 유량에 따라 정지하는 위치가 달라지는 성질을 이용한 유량 측정기는?

① 로터미터
② 오리피스
③ 벤츄리미터
④ V노치위어

정답 10. ② 11. ①

• 정답 풀이 •

2018년도 하반기 1차 한국가스공사에서 판스프링(= 리프스프링)의 사진이 나오고 그에 대한 특징에 관한 문제가 출제되었다. 평소 공부할 때 사진이나 그림을 찾아보지 않고 글로만 공부한 사람들은 이 문제를 보고 사진이 뭔지 몰라서 오답을 냈다. 전공을 공부할 때 이론서만을 보고 공부하는 것도 좋지만 이해를 돕기 위해 귀찮더라도 인터넷을 통해 사진들을 찾아보면서 눈에 익히면 많은 도움이 될 것이라 생각한다.

① **로터미터**: 계측용 부자가 유량에 따라 떠오르는 위치가 달라지는 성질을 이용한 유량계이다.
② **오리피스**: 작은 구멍이 있는 조임판을 관 내에 설치하여 전후 압력차로 유량을 측정한다.
③ **벤츄리미터**: 관수로 내의 유량을 측정하기 위한 장치. 관수로 도중에 단면이 좁은 관을 설치하고 유속을 증가시켜 수축부에서 압력이 저하할 때 이 압력차에 의하여 유량을 구한다.
④ **V노치위어**: 관로가 아닌 개수로에서의 유량을 측정하여 소유량을 측정한다.

12 티타늄과 같이 열전도도가 낮고 온도상승에 따라 강도가 급격히 감소하는 금속에서 발생하는 칩은?

① 열단형칩
② 톱니형칩
③ 균열형칩
④ 유동형칩

• 정답 풀이 •

평소 ①, ③, ④는 자주 볼 수 있는 형태였지만, ②는 잘 출제되지 않는 칩의 종류이므로 이번 기회에 숙지하길 바란다.

[칩의 종류]

① **열단형칩(경작형칩)**: 찢어지는 형태, 즉 점성이 큰 재질을 작은 경사각의 공구로 절삭할 때 생성되는 칩의 형태
② **톱니형칩(불균질칩 또는 마디형칩)**: 전단변형률을 크게 받은 영역과 작게 받은 영역이 반복되는 반연속형칩의 형태로 마치 톱날과 같은 형상을 가진다. **주로 티타늄과 같이 열전도도가 낮고 온도 상승에 따라 강도가 급격히 감소하는 금속의 절삭 시 생성**된다.
③ **균열형칩(공작형칩)**: 주철과 같은 취성(메짐)이 큰 재료를 **저속절삭**할 때 순각적으로 발생하는 칩의 형태. 진동 때문에 날 끝에 작은 파손이 생성되고 깎인 면도 매우 나쁘기 때문에 chatter(채터, 잔진동)가 발생할 확률이 매우 크다.
④ **유동형칩(연속형칩)**: **가장 이상적인 칩**의 형태로 연강, 구리, 알루미늄과 같은 연성재료를 고속절삭할 때 발생한다. 유동형칩이 생기는 경우는 바이트 윗면 경사각(= 공구의 상면경사각)이 클 때, 절삭깊이가 작을 때, 유동성이 있는 절삭제를 사용할 때, 공구면을 매끈하게 연마하여 마찰력이 작을 때 등이다.

정답 12. ②

13 다음 중 정밀입자에 의한 가공법이 아닌 것은 무엇인가?

① 호닝
② 래핑
③ 버니싱
④ 버핑

• 정답 풀이 •

버니싱은 기계적 에너지를 이용한 가공법으로 정밀도가 높은 면을 얻을 수 있는 소성가공이다.

① 호닝(honing): 분말입자를 가공하는 것이 아니라 연삭숫돌로 공작물을 가볍게 문질러 **정밀 다듬질**하는 기계가공법이다. 특히 구멍 내면을 정밀 다듬질하는 방법 중 가장 우수한 가공법이다.

② 래핑(lapping): 공작물과 랩(lap)공구 사이에 미세한 분말상태의 랩제와 윤활유를 넣고 공작물을 누르면서 상대운동을 시켜 매끈한 다듬질면을 얻는 가공법이다. 래핑은 표면 거칠기(= 표면 정밀도)가 가장 우수하므로 다듬질면의 정밀도가 가장 우수하다.

④ 버핑: 모, 직물 등으로 닦아내는 작업으로 윤활제를 사용하여 광택을 내는 것이 주목적인 가공법이다. 버핑은 주로 폴리싱 작업을 한 뒤에 가공한다.

14 다음 중 탄소 주강품을 의미하는 KS 강재기호는 무엇인가?

① SC
② GC
③ STD
④ SPS

• 정답 풀이 •

[KS 강재기호]

SM	기계구조용 탄소강	GC	회주철	STC	탄소공구강
SBV	리벳용 압연강재	SC	탄소 주강품	SS	일반구조용 압연강재
SKH, HSS	고속도강	SWS	용접구조용 압연강재	SK	자석강
WMC	백심가단주철	SBB	보일러용 압연강재	SF	단조품
BMC	흑심가단주철	STS	합금공구강	SPS	스프링강
DC	구상흑연주철	SNC	Ni–Cr 강재	SEH	내열강

정답 13. ③ 14. ①

15 다음 중 축을 설계할 때 고려해야 할 대상이 아닌 것은?

① 강도　　② 경도
③ 부식　　④ 열팽창

• 정답 풀이 •

축을 설계할 때에는 주어진 운전조건과 하중조건에서 파손과 변형이 일어나지 않도록 충분한 강도와 강성을 가지며 위험속도로부터 25% 이상 떨어진 상태에서 사용할 수 있도록 해야 한다.
축 설계에서는 먼저 **강성의 조건하에서 설계한 후 강도를 검토하도록 해야 한다.**

참고 **축의 설계에 있어서 고려해야 할 사항**
강성, 강도, 진동, 부식, 열팽창, 응력집중, 열응력, 위험속도

16 아래의 설명을 보고 어떤 것을 의미하는지 고르시오.

- 대표적으로 W계와 Mo계열이 존재한다.
- 500~600°C 고온에서도 경도가 저하되지 않고 내마멸성이 커서 고속절삭의 공구로 적당하다.
- V 원소를 첨가하였을 때, 강력한 탄화물을 형성해 절삭능력을 증가시킨다.

① 고속도강
② 주조경질합금
③ 초경합금
④ 게이지강

• 정답 풀이 •

고속도강의 특징은 많이 출제되기 때문에 확실하게 알아두는 것이 좋다.
[고속도강의 특징]
- W계와 Mo계로 구분한다. 고속도강의 **가장 중요한 성질은 고온경도**이다.
  → **마텐자이트가 안정되어 600°C까지 고속으로 절삭이 가능**하다.
- 텅스텐 고속도강(W계)
  - 0.8% C + 18% W + 4% Cr + 1% V [18(W)-4(Cr)-1(V)형]
  - 텅스텐(W)을 첨가하면 복탄화물이 생기고 내마모성이 향상되지만 인성이 감소된다.
  - 바나듐(V)은 강력한 탄화물 형성용 원소이며 절삭능력을 증가시킨다.
  - 풀림(800~900°C), 담금질 온도(1,260~1,300°C, 1차 경화), 뜨임 온도(550~580°C, 2차 경화)

  ※ **2차 경화: 저온에서 불안정한 탄화물이 형성되어 경화하는 현상(꼭 알고 가자!)**

정답 15. ② 16. ①

17 다음 중 단위가 틀린 것은 무엇인가?

① 변형률 – mm
② 체적탄성계수 – N/m^2
③ 표면장력 – N/m
④ 영률 – N/m^2

• 정답 풀이 •

$$변형률 = \frac{변형량}{부재의\ 길이}$$

변형량과 부재의 길이는 둘 다 단위가 [mm] 또는 [m]이므로 서로 상쇄되어 무차원수가 된다.

18 아래의 설명은 응력집중에 대한 설명이다. 다음 중 응력집중에 대한 설명 중 옳지 못한 것은?

"어떤 부분에 힘이 가해졌을 때 균일한 단면형상을 갖는 부분보다 ① 키 홈, 구멍, 단, 또는 노치 등과 같이 ② 단면형상이 급격히 변화하는 부분에서 힘의 흐름이 심하게 변화함으로 인해 쉽게 파손되는 이유는 응력집중과 관련이 깊다. 응력집중을 완화하기 위해서는 ③ 단면이 진 부분에 필렛 반지름을 되도록 크게 한다. 또한 ④ 체결수를 감소시키고 테이퍼지게 설계하면 된다."

• 정답 풀이 •

[응력집중현상]
재료에 **노치, 구멍, 키홈, 단** 등을 가공하여 단면현상이 변화하면 그 부분에서의 응력은 불규칙하여 국부적으로 매우 증가하게 되어 응력집중현상이 일어난다. 응력집중현상이 재료의 한계강도를 초과하게 되면 균열이 발생하게 되고 이는 파손을 초래하는 원인이 되므로 응력집중현상은 완화시켜야 한다.

[응력집중현상을 완화시키는 방법]

- 단면이 진 부분에 필렛의 반지름을 크게 한다. 또한 단면 변화가 완만하게 변하도록 만들어야 한다.
- 축단부 가까이에 2~3단 단부를 설치해 응력흐름을 완만하게 한다.
- 단면변화부분에 보강재를 결합시켜 응력집중을 완화시킨다.
- 단면변화부분에 숏피닝, 롤러 압연처리 및 열처리를 시행하면 단면변화부분이 강화되거나 표면 가공 정도가 향상되어 응력집중이 완화된다. 또한 체결수를 증가시키고 테이퍼지게 설계한다.
- 하나의 노치보다는 인접한 곳에 노치를 하나 이상 더 가공해서 **응력집중 분산효과**로 응력집중을 감소시킨다.

정답 17. ① 18. ④

19 슈미트수와 프란틀수의 비로 열과 물질의 동시이동을 다룰 때의 무차원수는?

① 마하수
② 레이놀즈수
③ 프로드수
④ 루이스수

• 정답 풀이 •

최근 무차원수에 관한 문제는 점점 증가하고 있기 때문에 무차원수에 대한 암기는 필수!

[레이놀즈수(Re)]

- 층류와 난류를 구분하는 척도가 되는 값
  - 하임계레이놀즈수: 임계레이놀즈수의 기준, 난류에서 층류로 바뀌는 임계값($Re=2{,}100$)
  - 상임계레이놀즈수: 층류에서 난류로 바뀌는 임계값($Re=4{,}000$)
- 물리적인 의미: 관성력/점성력, 관성력과 점성력의 비 → 유체 유동 시, Re가 작은 경우 점성력이 크게 영향을 미친다.
- 레이놀즈수의 계산식

$$Re=\frac{Vd}{\nu}=\frac{\rho Vd}{\mu}$$

여기서, ρ: 밀도($\mathrm{Ns^2/m^4}$), d: 관의 직경(m)

ν: 동점성계수($\mathrm{m^2/s}$), 즉 $\nu=\frac{\mu}{\rho}$, μ: 점성계수($\mathrm{N\cdot s/m^2}$)

만약, 평판일 경우에는 → $Re=\frac{Vl}{\nu}$, l = 평판의 길이

[마하수]

$$\frac{V}{a}=\frac{\text{속도}}{\text{음속}}=\frac{\text{관성력}}{\text{탄성력}}$$

마하수의 압축성 효과는 0.3 이상으로 고려되어야 한다. 비압축성 효과는 0.3 미만!

[프로드수(Fr)]

자유표면을 갖는 흐름으로 상류와 사류를 나누는 기준이 된다.

$$\frac{\text{관성력}}{\text{중력}}=\frac{\text{평균유속}(v)}{\text{표면파의 전파속도}(v_0)}=\frac{\text{유속}(v)}{\sqrt{gh}}$$

여기서, g: 중력, h: 수로단면의 평균수심, v: 유속

[루이스수(Le)]

슈미트수와 프란틀수의 비로 열과 물질이 동시이동을 다룰 때의 무차원수

$$\frac{\text{열전달(확산계수)}}{\text{물질전달(확산계수)}}=\frac{Sc}{Pr}$$

정답 19. ④

20 다음 중 페라이트에 대한 설명으로 <u>아닌</u> 것은 무엇인가?

① 순철이며, 전연성이 우수하다.
② 투자율이 높으며 단접성, 용접성이 우수하다.
③ 열처리가 불량하다.
④ 유동점, 항복점, 인성이 작고 충격값, 단면수축률, 인장강도가 크다.

• 정답 풀이 •

순철(페라이트)은 매우 중요한 부분이므로 반드시 암기가 필요하다.
[순철(α고용체이며 페라이트 조직)의 특징]

- 유항인 = **유동성, 항복점, 인장강도가 작다**(연예인 유아인 생각하세요. 유아인은 키가 작다.). → 즉 유항인 작다.
  순철은 용융점이 1,538°C로 높아 녹이기 어려워 유동성이 작다.
- 열처리 효과가 작다(= 열처리성이 떨어진다.).
- 투자율이 높고 단접성, 용접성이 우수하다.
- 전연성이 매우 우수하며, **충격값, 단면수축률, 인성**이 크다.
  → 순철은 전연성이 좋기 때문에 취성이 없다. 또한 탄소함유량이 적기 때문에 물렁물렁하며 깨지지 않는다. 즉, 취성과 반대의 성질인 인성과 충격값이 크다고 이해하면 된다.
- 비중은 7.87이고 용융점은 1,538°C이며 탄소함유량이 0.02%이다.
  → 탄소함유량이 적기 때문에 연한 성질을 가지게 된다.

21 내부지름이 10cm이고, 외부지름이 20cm인 강철관의 길이가 5m라면, 이 관에서의 열전도율은 얼마인가? [단, 이 관의 내부온도는 10°C이고, 외부온도는 20°C이며, 열전달량은 314kJ/h이다.]

① ln2　　② ln5
③ ln9　　④ ln10

• 정답 풀이 •

[전도]
고체의 내부 및 정지유체의 액체, 기체와 같이 물체 내의 온도차에 따른 열의 전달을 말한다. 강철관의 경우 원통으로 판단하고 해석한다. 전도에 대해 원통의 열전달식은 다음과 같다.

$$Q=\frac{2\pi lk\varDelta T}{\ln\left(\frac{r_2}{r_1}\right)} \rightarrow 314=\frac{2\times 3.14\times 5\times k\times(20-10)}{\ln\left(\frac{0.2}{0.1}\right)}=\frac{314\times k}{\ln 2}$$

∴ 열전도율 $k=\ln 2$

정답 20. ④ 21. ①

22 다음 중 무차원수가 <u>아닌</u> 것은 무엇인가?

① 비중　　② 변형량　　③ 푸아송비　　④ 변형률

• 정답 풀이 •

① 비중

$$\frac{\text{어떤 물질의 비중량}(\gamma)\ \text{or 밀도}(\rho)}{4^\circ\text{C에서의 물의 비중량}(\gamma_{H_2O})\ \text{or 물의밀도}(\gamma_{H_2O})}$$ 이므로 단위가 상쇄되어 무차원수가 된다.

② **변형량**: [변형 후 상태 − 변형 전 상태]이므로, [m] 단위를 가진다.

③ **푸아송비**: 탄성한도 내에서 가로랑 세로의 변형률비가 같은 재료에서는 항상 일정한 값을 가지는 것으로 체적의 변화를 나타낸다. 푸아송비는 푸아송수와 반비례 관계이다.

$\mu = \frac{\text{횡변형률}}{\text{종변형률}} = \frac{\varepsilon'}{\varepsilon} = \frac{1}{m} \le 0.5$　[여기서, m: 푸아송수]

- $\mu = 0.5$, 고무는 푸아송비가 0.5인 상태로 체적이 거의 변하지 않는 상태이다.
- 금속은 주로 $\mu = 0.2 \sim 0.35$의 값을 갖는다.
- 푸아송비는 진응력 − 변형률곡선에서는 알 수 없고 인장시험으로 구할 수 있다.
- 코르크의 푸아송비는 0이다. 그러므로 코르크의 푸아송수는 무한대이다.

④ 변형률 $= \frac{\text{변형량}}{\text{부재의 길이}}$, 변형량과 부재의 길이는 둘 다 단위가 [mm] 또는 [m]이므로 서로 상쇄된다.

23 다음 단식 블록 브레이크를 우회전했을 때의 브레이크 레버의 조작력, F[N]을 구하는 식을 고르시오. [단, $C < 0$이다.]

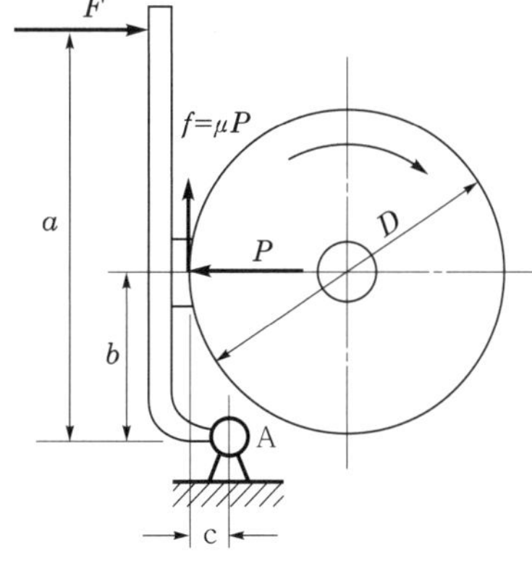

① $F = \frac{f(b-\mu c)}{\mu a}$　　② $F = \frac{f(b+\mu c)}{\mu a}$

③ $F = \frac{f(b+c)}{\mu a}$　　④ $F = \frac{fb}{\mu a}$

정답 22. ② 23. ①

• 정답 풀이 •

기존 브레이크의 조작력을 구하는 문제를 풀 때, $c>0$인 형태가 많았을 것이다. 이 문제의 포인트는 "$c<0$, 제2형식"이라는 부분이다. 늘 문제의 조건까지 제대로 보고 문제의 답을 찾는 습관을 가지도록 하자.

[제2형식($c<0$)인 경우]: 외작용선

- **브레이크 드럼이 우회전하는 경우**: 브레이크 레버의 지점 A에 관한 모멘트는 다음과 같다. 단, 부호의 규약에 의하면 우회전은 (+), 좌회전은 (−)로 한다. 일반적으로 브레이크 조작력 F는 양(+)으로 취한다.

  $Fa-Pb+fc=0$ 여기서, F: 브레이크 레버의 조작력[N]
  P: 브레이크 드럼을 누르는 힘[N]
  f: 브레이크의 제동력[N]
  a, b, c: 브레이크 레버의 치수[mm]

  [단, $f=\mu P$로, μ은 블록과 드럼 사이의 마찰계수를 의미한다.]

  $F=\dfrac{Pb-fc}{a}=\dfrac{Pb-\mu Pc}{a}=\dfrac{P(b-\mu c)}{a}=\dfrac{f(b-\mu c)}{\mu a}$ (단, $f=\mu P$, $P=\dfrac{f}{\mu}$)

  $\therefore\ F=\dfrac{f(b-\mu c)}{\mu a}$

- **브레이크 드럼이 좌회전하는 경우**(우회전 구했던 방식으로 하되 부호에 유의한다.)

  $Fa-Pb-fc=0$

  $F=\dfrac{Pb+fc}{a}=\dfrac{Pb+\mu Pc}{a}=\dfrac{P(b+\mu c)}{a}=\dfrac{f(b+\mu c)}{\mu a}$ (단, $f=\mu P$, $P=\dfrac{f}{\mu}$)

  $\therefore\ F=\dfrac{f(b+\mu c)}{\mu a}$

24 두께 1cm, 면적 0.5m^2의 석고판의 뒤쪽 면에서 500W의 열을 주입하고 있다. 열은 앞쪽 면으로만 전달된다고 할 때 석고판의 뒤쪽 면은 몇 도인가? [단, 석고판의 열전도율은 $0.8\text{J/m}\cdot\text{s}\cdot{}^\circ\text{C}$, 앞쪽 면의 온도는 120°C]

① 121°C　② 129°C
③ 132°C　④ 141°C

• 정답 풀이 •

$Q=\dfrac{kAdT}{t}$ [여기서, k: 열전도율($\text{kJ/m}\cdot\text{h}\cdot{}^\circ\text{C}$), A: 전열면적(m^2), t: 강판의 두께(m)]

$500=\dfrac{0.8\times 0.5\times (T_1-120)}{0.01}$ $\therefore\ T_1=132.5\,^\circ\text{C}$

정답 24. ③

25 전단가공 종류에 대한 설명으로 옳지 않은 것은?

① 블랭킹은 공구에, 펀칭은 다이에 전단각을 준다.
② 트리밍은 판금공정에서 판재에 펀칭작업을 한 후에 불필요한 부분은 제외시켜 버리고 남은 부분을 제품으로 만드는 작업이다.
③ 노칭은 재료의 일부분을 다양한 모양으로 따내어 제품을 가공하는 작업이다.
④ 세이빙은 가공된 제품의 각진 부분을 깨끗하게 다듬질하는 방법이다.

• 정답 풀이 •

②~④도 전단가공의 종류이므로 정의를 반드시 알아야 한다.

[블랭킹과 펀칭]

- **블랭킹(blanking) [남폐 뽑제] = 다이에 전단가공**
  판재에서 펀치로서 소정의 제품을 뽑아내는 가공(**'남은 쪽'이 폐품 / '뽑아낸 것'이 제품**)
  → <u>원하는 형상을 뽑아내는 가공법</u>
  → 펀치와 다이를 이용해 판금재료로부터 제품의 **'외형을 따내는 가공법'**
- **펀칭(punching, piercing = 피어싱) [남제 뽑폐] = 공구에 전단가공**
  판재에서 소정의 구멍을 뚫는 가공(**'뽑아낸 것'이 폐품 / '남는 쪽' 제품**)

종류	블랭킹	펀칭
원하는 형태	판재에서 필요한 형상의 제품을 잘라냄	잘라낸 쪽은 폐품이 되고 구멍이 뚫리고 남은 쪽이 제품
소요 치수 위치	다이 구멍을 소요 치수형상으로 다듬	펀치 쪽을 소요 치수형상으로 다듬
쉬어(Shear) 부착 위치	다이면에 붙임	펀치면에 붙임

26 두께 2cm의 강판의 양쪽 면의 온도가 각각 100°C, 50°C일 때 전열면 $1m^2$당 한 시간에 전달되는 열량은? [단, 강판의 열전도율은 15kJ/m·h·°C]

① 12,500kJ/h ② 22,500kJ/h
③ 37,500kJ/h ④ 52,500kJ/h

• 정답 풀이 •

[전도]

고체의 내부 및 정지유체의 액체, 기체와 같이 물체 내의 온도차에 따른 열의 전달을 말한다. 강판의 경우 "평판"으로 판단하고 해석한다. 우선 전도에 대해 원통의 열전달 식은 다음과 같다.

$Q = \frac{kAdT}{t}$ [여기서, k: 열전도율(kJ/m·h·°C), A: 전열면적(m^2), t: 강판의 두께(m)]

$$Q = \frac{15 \times 1 \times (100-50)}{0.02} = 37{,}500\text{kJ/h}$$

정답 25. ① 26. ③

27 다음 중 베르누이 방정식에 대한 설명으로 옳지 않은 것은 무엇인가?

① 베르누이 방정식의 가정 중 하나는 '유체 입자는 유선을 따라 움직인다.'이다.
② 베르누이 방정식의 가정 중 하나는 '유체 입자는 마찰이 없는 비점성이다.'이다.
③ 유동하는 유체에서의 압력은 임의의 면에서 수직방향으로 작용한다.
④ 베르누이 방정식을 실제 유체에 적용시키려면 위치수두를 수정하면 된다.

• 정답 풀이 •

④ 베르누이 방정식을 실제 유체에 적용시키려면 손실수두를 삽입시키면 된다.

[베르누이 방정식]

이상유체에 대하여 유체에 가해지는 일이 없을 경우에 대하여, 유체의 속도, 압력, 위치 에너지 사이의 관계를 나타내는 방정식으로 "유선상에서 모든 형태의 에너지의 합은 일정하다."를 보여주는 식이다. 즉, "에너지 보존 법칙"과 관련이 있는 방정식이다.

- 정상흐름 상태(정상류)에서 적용된다(베르누이 방정식 가정).
- 동일한 유선상에서 적용된다.
- 유체입자는 유선에 따라 흐른다(베르누이 방정식 가정).
- 유체입자는 마찰이 없는 비점성유체이다(베르누이 방정식 가정).

$\frac{P}{r}+\frac{V^2}{2g}+Z=C$ [압력수두 + 속도수두 + 위치수두 = Constant = 에너지선 = 전수두선]

수력구배선: $\frac{P}{r}+Z=C$ [압력수두 + 위치수두 = Constant]

수력구배선은 에너지선보다 늘 속도수두 $\left(\frac{V^2}{2g}\right)$ 만큼 아래에 있다.

28 강을 변태점 이상으로 가열하여 노 안에서 서서히 냉각시키는 열처리로 옳은 것은?

① 퀜칭 ② 소둔 ③ 소준 ④ 소려

[Bonus] 다음 중 옳지 않은 것은?

① 불림은 A_3, A_{cm} 보다 30~50°C 높게 가열한 후 공기 중에서 냉각시켜 미세한 소르바이 트 조직을 얻고 결정조직의 표준화와 조직의 미세화, 내부응력을 제거시키는 열처리이다.
② 담금질은 아공석강을 A_1 변태점보다 30~50°C, 과공석강을 A_3 변태점보다 30~50°C 정도 높은 온도로 일정 시간 가열하여 이 온도에서 탄화물을 고용시켜 균일한 오스테나이트(γ)가 되도록 충분한 시간 유지한 후 물 또는 기름과 같은 담금질제 중에서 급랭해 마텐자이트 조직으로 변태하는 열처리이다.
③ 풀림은 A_1 또는 A_3 변태점 이상으로 가열하여 냉각시키는 열처리로 내부응력을 제거하며 재질의 연화를 목적으로 하는 열처리이다.
④ 뜨임은 담금질한 강은 경도가 크나 취성을 가지므로 경도가 다소 저하되더라도 인성을 증가시키기 위해 A_1 변태점 이하에서 재가열하여 냉각시키는 열처리이다.

정답 27. ④ 28. ② Bonus. ②

• 정답 풀이 •

열처리의 종류는 매우 중요하다. 관련 용어, 정의 무조건 모두 암기!

[열처리의 종류]

1. **담금질(퀜칭, Quenching, 소입): 재질을 경화(hardening), 마텐자이트 조직(α')을 얻기 위한 열처리 방법** = 아공석강을 A_3변태점보다 30~50°C, 과공석강을 A_1변태점보다 30~50°C 정도 높은 온도로 일정 시간 가열하여 이 온도에서 탄화물을 고용시켜 균일한 오스테나이트(γ)가 되도록 충분한 시간 유지 한 후 물 또는 기름과 같은 담금질제 중에서 급랭해 마텐자이트 조직으로 변태하는 열처리로 이를 통해 재질이 경화된다.
   - **담금질 효과를 좌우하는 요인: 냉각제, 담금질 온도**, 냉각속도, 냉각제 비열, **끓는점, 점도, 열전도율**
   - **담금질의 요구 조건**: 담금질의 경도가 높을 것, 경화 깊이가 깊을 것, 담금질 균열 발생이 없을 것
2. **뜨임(템퍼링, Tempering, 소려): 담금질한 강은 경도가 크나 취성을 가지므로 경도가 다소 저하되더라도 인성을 증가시키기 위해 A_1변태점 이하에서 재가열하여 냉각시키는 열처리. 즉, 강한 인성(질긴 성질)을 부여** = 마르텐자이트 조직에서 소르바이트로 변화시켜주는 열처리

   [뜨임에 의한 조직변화]

   A(오스테나이트) → M(마르텐자이트) → T(트루스타이트) → S (소르바이트) → P(펄라이트)
   200°C 400°C 600°C 700°C
3. **풀림(어닐링, Annealing, 소둔): A_1 또는 A_3변태점 이상으로 가열하여 냉각시키는 열처리로 내부응력을 제거하며 재질의 연화를 목적으로 하는 열처리. 또한 노 안에서 냉각(노냉처리)한다.**
   - **풀림의 목적**
     - 강의 재질을 연화
     - 내부응력을 제거
     - 기계적 성질을 개선
     - 담금질 효과를 향상
     - 결정조직의 불균일을 제거시켜 재질을 균일화
     - 흑연을 구상화시켜 인성, 연성, 전성이 증가
   - **풀림의 목적에 맞는 풀림의 종류**
     - **완전풀림**: 강을 연하게 하여 기계의 가공성 향상 → **조대한 펄라이트**를 얻음
     - **응력제거 풀림**: 내부 응력 제거
     - **구상화 풀림**: 기계적 성질 개선(시멘타이트의 연화가 주목적)
     - **연화풀림(중간풀림)**: 냉간 가공 도중에 경화된 재료를 연화시킴
     - **저온풀림**: 500~600°C에서 내부응력을 제거하여 재질을 연화시킴
     - **확산풀림**: 편석을 제거시킴
4. **불림(노멀라이징, Normalizing, 소준): A_3, A_{cm}보다 30~50°C 높게 가열한 후 공기 중에서 냉각시켜(공냉) 미세한 소르바이트조직을 얻고 결정조직의 표준화와 조직의 미세화 및 내부응력을 제거시켜주는 열처리**
   - **불림의 목적**
     - 결정조직을 '미세화'
     - 냉간가공, 단조에 의해 생긴 내부응력 제거
     - 결정조직, 기계적·물리적 성질 표준화

29 단열재가 시공되어 있는 외벽의 외부에서 내부로의 열전달을 고려할 때 실내 온도가 20K, 실외 온도가 30K인 사무실의 외벽의 두께가 10cm이다. 이 외벽에 단열재가 시공되어 있다면 다음과 같은 조건에서 단열재의 두께는 얼마인가?

> 외벽의 넓이: $10m^2$
> 외벽과 단열재의 열전도도: 0.8W/m·K
> 외부대류 열전달 계수: $100W/m^2 \cdot K$
> 내부대류 열전달 계수: $200W/m^2 \cdot K$
> 열 전달량: 600W

① 1cm ② 2cm ③ 3cm ④ 4cm

• 정답 풀이 •

관류열량 $Q = KAdT$

여기서, 총열전달계수 K를 구하면, $600 = K \times 10 \times (30-20)$

$\therefore K = 6W/m^2 \cdot K$

$\frac{1}{K} = \frac{1}{\alpha_1} + \frac{L}{\lambda} + \frac{1}{\alpha_2}$ [여기서, $\alpha_{1,2}$: 열전달계수, λ: 열전도도, L: 열전달면의 두께]

$\frac{1}{6} = \frac{1}{100} + \frac{L}{0.8} + \frac{1}{200}$을 계산하면, $L = 0.12m$이다.

여기서 외벽과 단열재의 두께 L이 0.12m이므로 외벽의 두께를 빼면 단열재의 두께는 $0.12 - 0.1 = 0.02m = 2cm$이다.

30 압력이 150kPa, 체적 $0.7m^2$, 질량이 1kg의 기체가 일정한 압력으로 팽창하여 처음 온도 252°C에서 나중온도 477°C가 되었다. 이때 팽창 과정에서 900kJ의 열을 흡열했다면 이 기체의 정압비열은 얼마인가? [단, 이 기체의 기체상수는 2kJ/kg·K]

① 1kJ/kg·K ② 2kJ/kg·K
③ 3kJ/kg·K ④ 4kJ/kg·K

• 정답 풀이 •

$dQ = dh - vdp$(일정한 압력일 때 $vdp = 0$)

$dQ = dh = mc_p dT$

$900 = 1 \times c_p \times (477 - 252)$

$\therefore c_p = 4kJ/kg \cdot K$

정답 29. ② 30. ④

31 다음 보기 설명 중 옳지 않은 것은?

① 내부에너지는 물체가 가지고 있는 총에너지로부터 역학적, 전기적 에너지를 제외한 나머지 에너지를 말하며, 분자 간의 운동활발성을 나타낸다.
② 비가역계의 엔트로피는 항상 증가한다.
③ 평형상태에서 시간은 시스템의 주요 변수가 된다.
④ 완전가스(이상기체)에서 내부에너지와 엔탈피는 온도만의 함수이다.

• 정답 풀이 •

평형상태에서 시스템의 주요변수는 시간이 아닌 "온도"이다.

- **내부에너지**: 물체 내부의 분자 간 운동활발성을 나타내며 물체가 가지고 있는 총에너지로부터 역학에너지와 전기에너지를 뺀 나머지 에너지를 말한다.
- **줄의 법칙**: 완전가스 상태에서 내부에너지와 엔탈피는 온도만의 함수이다.

32 다음과 같이 지름이 $2\mathrm{m}$인 원형 단면을 갖는 단순지지보에 $2\mathrm{kN/m}$의 균일 분포 하중이 작용한다고 할 때, 이 보가 받는 최대굽힘응력은 얼마인가? [단, 이 보의 길이는 $6\mathrm{m}$이며, $\pi=3$으로 계산]

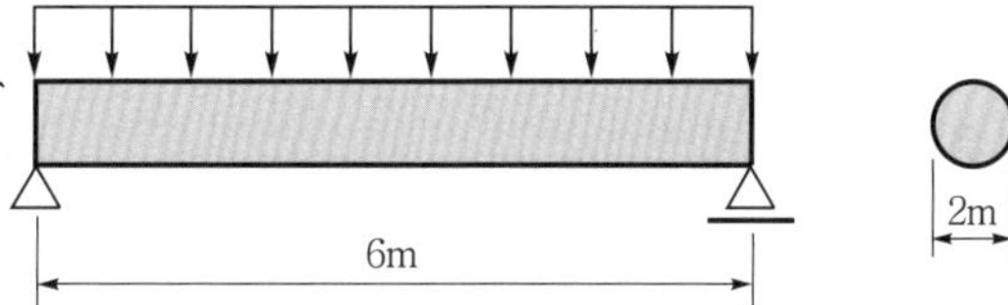

① $5\mathrm{kN/m^2}$
② $7\mathrm{kN/m^2}$
③ $10\mathrm{kN/m^2}$
④ $12\mathrm{kN/m^2}$

• 정답 풀이 •

- 길이 L의 단순보에서 균일분포하중이 작용할 때, 최대모멘트 $(M_{max})=\frac{wl^2}{8}$
- 굽힘응력과 굽힘모멘트의 관계식 $M_{max}=\sigma_b Z \rightarrow \sigma_b=\frac{M_{max}}{Z}=\frac{\frac{wl^2}{8}}{\frac{\pi d^3}{32}}=\frac{4wl^2}{\pi d^3}$

$\rightarrow \sigma_{max}=\frac{4wl^2}{\pi d^3}=\frac{4\times2\times6^2}{3\times2^3}=12\mathrm{kN/m^2}$ [원형단면의 단면계수 $Z=\frac{\pi d^3}{32}$]

정답 31. ③ 32. ④

33 초기온도와 압력이 $27°C$, $250kPa$의 기체를 폴리트로픽 변화를 하여 $57°C$까지 온도를 올렸다면, 이 기체의 압축 후의 압력은? [단, 폴리트로픽지수$(n) = 1.4$며, $1.1^{\frac{1.4}{0.4}} = 1.4$]

① 250kPa
② 300kPa
③ 350kPa
④ 400kPa

• 정답 풀이 •

[폴리트로픽 변화]

$$\frac{T_2}{T_1} = \left(\frac{v_1}{v_2}\right)^{n-1} = \left(\frac{P_2}{P_1}\right)^{\frac{n-1}{n}} \rightarrow \frac{T_2}{T_1} = \left(\frac{P_2}{P_1}\right)^{\frac{n-1}{n}}$$

문제에서 주어진 수치를 대입한다.

$$\frac{57+273}{27+273} = \left(\frac{P_2}{250}\right)^{\frac{0.4}{1.4}} \rightarrow P_2 = (1.1)^{\frac{1.4}{0.4}} \times 250 = 1.4 \times 250$$

$\therefore P_2 = 350kPa$

34 역카르노사이클에 대한 설명으로 틀린 것은? [단, $T_1 > T_2$]

① 냉동기의 이상 사이클로 최대 효율을 낼 수 있는 사이클이다.
② 열펌프의 성능계수(ε_h)를 $\frac{T_1}{T_1 - T_2}$으로 나타낼 수 있다.
③ 역카르노사이클에서 방열과 흡열은 등엔트로피 과정에서 일어난다.
④ 냉동기의 성능계수와 열펌프의 성능계수는 1만큼 차이가 난다.

• 정답 풀이 •

[역카르노사이클은 냉동기 이상사이클]

열펌프의 성능계수$(\varepsilon_h) = \frac{T_1}{T_1 - T_2}$

냉동기의 성능계수$(\varepsilon_r) = \frac{T_2}{T_1 - T_2}$로 나타낼 수 있다.

이 식들을 정리하면 $\varepsilon_h = \varepsilon_r + 1$이 성립한다.

역카르노사이클에서 방열과 흡열은 등엔트로피 과정이 아닌 **등온과정**에서 일어난다.

정답 33. ③ 34. ③

35 체적이 변하지 않는 밀폐용기 안에 공기가 초기 압력 100kPa, 온도 20°C 상태에서 이 용기를 가열하여 나중 압력이 150kPa이 되었다. 이 공기를 이상기체로 취급하면 1kg당 가열량은 얼마인가? [단, 공기의 정적비열은 0.717kJ/kg·K]

① 58kJ/kg ② 105kJ/kg
③ 128kJ/kg ④ 211kJ/kg

• 정답 풀이 •

[정적과정]

$\frac{P_1}{T_1} = \frac{P_2}{T_2}$에서 $T_2 = \frac{P_2}{P_1} \times T_1 = \frac{150}{100} \times (20+273) = 439.5\text{K}$

또한, $dQ = du + Pdv$에서 정적과정이므로 $dv = 0$

$dQ = du = mC_v dT$가 된다. 단위질량당 가열량이므로

$\frac{dQ}{m} = 0.717 \times (439.5 - 293) = 105\text{kJ/kg}$

36 다음 그림과 같이 균일분포하중[ω]을 받을 때 일단고정 타단지지보에서 최대 처짐[δ_{max}]은 얼마인가? [단, 해당 보의 길이는 l, 탄성계수는 $E[\text{N/m}^2]$, 단면2차모멘트는 $I[\text{m}^4]$로 한다.]

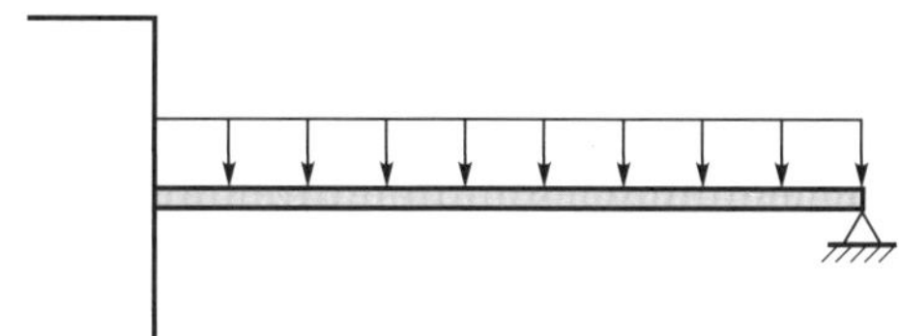

① $\delta_{max} = 1.5 \times 10^{-3} \times \frac{wl^4}{EI}$ ② $\delta_{max} = 2.7 \times 10^{-3} \times \frac{wl^4}{EI}$
③ $\delta_{max} = 4.4 \times 10^{-3} \times \frac{wl^4}{EI}$ ④ $\delta_{max} = 5.4 \times 10^{-3} \times \frac{wl^4}{EI}$

• 정답 풀이 •

• 길이 L의 일단고정 타단지지보(고정지지보)에 균일분포하중이 작용할 때

최대 처짐(δ_{max}) $= \frac{wL^4}{185EI} = 0.0054\frac{wL^4}{EI}$

• 길이 L의 일단고정 타단지지보(고정지지보)에 집중하중이 작용할 때

최대 처짐(δ_{max}) $= \frac{7PL^3}{768EI}$

※ 일단고정 타단지지보(고정지지보)에 대한 처짐량은 암기를 해주는 것이 좋다.

정답 35. ② 36. ④

37 공기가 "$PV=$일정"인 과정을 통해 압력이 초기 압력이 100kPa, 비체적이 $0.5\text{m}^3/\text{kg}$인 상태에서 비체적이 $2\text{m}^3/\text{kg}$인 상태로 팽창하였다. 공기를 이상기체로 가정하였을 때, 시스템이 이 과정에서 한 단위 질량당 일은 약 얼마인가? [단, $\ln 4 = 1.4$]

① 70kJ/kg ② 100kJ/kg
③ 120kJ/kg ④ 150kJ/kg

• 정답 풀이 •

[등온과정의 일]
등온과정에서는 절대일 = 공업일 = 열량이다.
$dQ = du + pdv$에서 줄의 법칙에 의해 내부에너지와 엔탈피는 온도만의 함수이다!
등온과정이므로 $dQ = du + Pdv$에서 내부에너지의 변화(du)가 0이므로 $dQ = pdv$가 성립하게 된다.

$dQ = pdv = \dfrac{RT}{v}dv$ [이상기체 상태방정식 $pv = RT$에서 $\rightarrow p = \dfrac{RT}{v}$]

$Q_{12} = RT\ln\dfrac{v_2}{v_1} = p_1 v_1 \ln\dfrac{2}{0.5} = 100 \times 0.5 \times \ln 4 = 70\text{kJ/kg}$

38 다음과 같이 질량이 10kg 박스를 우측방향을 향해 F_1의 힘으로 당기고 있다. 이때 좌측방향으로 F_2의 마찰력이 작용한다면 이 물체가 우측으로 10m/s의 속력이 될 때까지의 시간은 얼마가 걸리겠는가? [단, 박스의 바닥면에 작용하는 마찰계수는 0.5, 중력가속도는 10m/s^2]

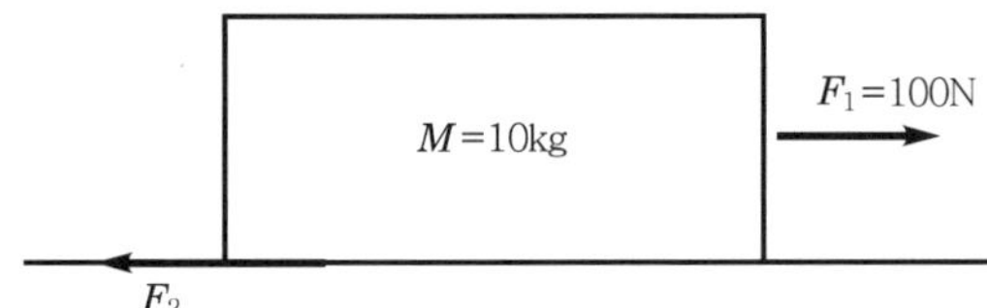

① 1초 ② 2초
③ 3초 ④ 4초

• 정답 풀이 •

[힘의 합력]
$\Sigma F = F_1 + F_2 = F_1 - \mu mg$
F_2와 마찰력은 서로 반대방향이므로 부호가 반대이다. [단, $F_2 = \mu mg$(마찰력)]
$\Sigma F = F_1 - \mu mg = 100 - 0.5 \times 10 \times 10 = 50\text{N}$ $\quad (\text{N} = \text{kg} \cdot \text{m/s}^2)$
운동량 방정식 $Ft = mdv$(힘의 합력 × 시간 = 질량 × 속도)이므로,
$Ft = mdv \rightarrow 50\text{kg} \cdot \text{m/s}^2 \times t = 10\text{kg} \times 10\text{m/s}$ 이므로 $\therefore t = 2$초

정답 37. ① 38. ②

39 다음 중 열역학 제2법칙에 관한 설명으로 옳지 않은 것은?

① 일을 하는 만큼 열이 발생하지만 열을 내는 만큼 일을 할 수는 없다.
② 클라우지우스에 의해 에너지의 방향성을 밝힌 법칙이다.
③ 제2영구기관, 즉 열효율이 100%인 기관은 있을 수가 없다.
④ 마찰에 의해 발생하는 열의 변화를 가역변화로 설명할 수 있다.

• 정답 풀이 •

④ 마찰, 혼합, 교축, 확산, 삼투압, 열의 이동은 비가역의 예시이다.

[열역학 법칙]

- **열역학 제0법칙**: 열평형에 대한 법칙으로 온도계 원리와 관련이 있는 법칙. 고온체와 저온체가 만나면 열교환을 통해 결국 온도가 동일해진다(**열평형 법칙**).
- **열역학 제1법칙**: 에너지 보존 법칙과 관련이 있는 법칙. 에너지는 여러 형태를 취하지만 총 에너지 양은 일정하다(**에너지 보존 법칙**).
- **열역학 제2법칙**: 비가역을 명시하는 법칙, 절대눈금을 정의하는 법칙. 하나의 열원에서 얻어진 열을 모두 일로 바꾸는 기관은 존재하지 않는다.
- **열역학 제3법칙**: 절대영도에서의 엔트로피에 관한 법칙. 절대 0도에서 계의 엔트로피는 항상 0이 된다.

[열역학 제2법칙]

에너지 전환의 방향성을 제시한다.

- **Clausius의 표현**: 열은 그 자신만으로 저온체에서 고온체로 이동할 수 없다. 즉, 에너지의 방향성을 제시한다. 그리고 성능계수가 무한대인 냉동기의 제작은 **불가능**하다.
- **Kelvin-Plank의 표현**: 단열 열저장소로부터 열을 공급받아 자연계에 어떤 변화도 남기지 않고 계속적으로 열을 일로 변환시키는 열기관은 존재할 수 없다. 즉, 열효율이 100% 기관은 존재할 수 없다.
- **Ostwald의 표현**: 자연계에 어떤 변화도 남기지 않고 어느 열원의 열을 계속 일로 바꾸는 제2영구기관은 존재하지 않는다.

※ **제1종 영구기관**: 입력보다 출력이 더 큰 기관으로 열효율이 100% 이상인 기관, 열역학 제1법칙 위배

※ **제2종 영구기관**: 입력과 출력이 같은 기관으로 열효율이 100%인 기관, 열역학 제2법칙에 위배

[열역학 제3법칙의 표현]

- **네른스트**: 어떤 방법에 의해서도 물질의 온도를 절대영도까지 내려가게 할 수 없다.
- **플랑크**: 모든 물질이 열역학적 평형상태에 있을 때 절대온도가 0에 가까워지면 엔트로피도 0에 가까워진다.

정답 39. ④

40 길이가 5m이고, 폭이 0.3m, 높이가 0.2m의 직사각형 단면을 가지는 외팔보에 등분포하중(ω)이 작용하여 최대굽힘응력이 5,000kPa이 생길 때, 최대전단응력은 약 몇 [kPa]인가?

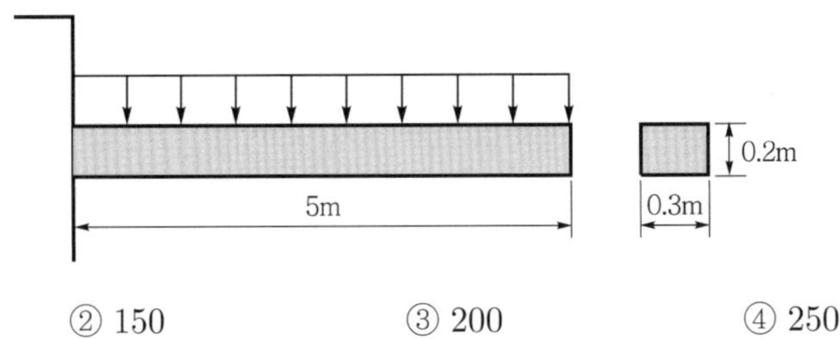

① 100 ② 150 ③ 200 ④ 250

• 정답 풀이 •

$M = \sigma_b Z$ [직사각형 단면계수 $Z = \dfrac{bh^2}{6}$]

먼저 등분포하중을 집중하중으로 바꿔준다.
등분포하중을 집중하중으로 바꾸려면 길이와 등분포하중을 서로 곱해주면 집중하중 크기가 도출된다.
즉, 집중하중의 크기는 5ω가 된다.
집중하중이 작용하는 작용점 위치는 곱한 길이의 중앙 지점이 된다. 즉, 보의 중앙 = 고정단으로부터 2.5m 떨어진 지점에 집중하중이 작용하게 된다.
외팔보에서 최대모멘트($M_{\max}$)는 고정단에서 발생하므로 집중하중 크기에 고정단으로부터 집중하중이 작용하는 거리를 곱해주면 최대모멘트의 크기를 구할 수 있다. 즉, $5\omega \times 2.5\text{m}$가 최대모멘트가 된다.

$M = \sigma_b Z$에서 $5w \times 2.5 = 5{,}000 \times \dfrac{0.3 \times 0.2^2}{6}$ $\quad \therefore\ w = 0.8\text{kN/m}$

등분포하중$(w) = \dfrac{dF}{dx}$ $\rightarrow$ $F = w \times dx = 0.8 \times 5 = 4\text{kN}$

$\tau_{\max} = \dfrac{3}{2} \times \dfrac{F}{A} = \dfrac{3 \times 4}{2 \times 0.3 \times 0.2} = 100\text{kPa}$

[필수]

- 원형단면의 수평전단응력: $\dfrac{4}{3} \times \dfrac{F}{A}$, [$F$는 전단력, A는 단면적], 평균전단응력의 1.33배 크다.
- 사각단면의 수평전단응력: $\dfrac{3}{2} \times \dfrac{F}{A}$, [$F$는 전단력, A는 단면적], 평균전단응력의 1.5배 크다.

정답 40. ①

Memo

Truth of Machine

PART

II

실전 모의고사

01 1회 실전 모의고사 72

02 2회 실전 모의고사 94

03 3회 실전 모의고사 112

1회 실전 모의고사

1문제당 2.5점 / 점수 [ ]점

→ 정답 및 해설: p.81

01 그림과 같은 도르래로 500kg의 물체를 들어 올리는 데 필요한 힘은?

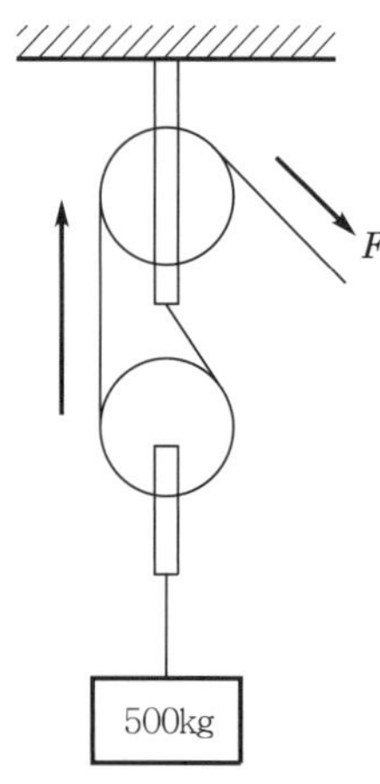

① 50kg
② 150kg
③ 250kg
④ 350kg

02 다음 중 옳지 않은 것은?

① 아공석강의 서냉조직은 페라이트(ferrite)와 펄라이트(pearlite)의 혼합조직이다.
② 시멘타이트는 철과 탄소의 금속 간 화합물이다.
③ 과공석강의 서냉조직은 펄라이트와 시멘타이트(cementite)의 혼합조직이다.
④ 공석강의 서냉조직은 페라이트로 변태 종료 후 온도가 내려가도 조직의 변화는 거의 일어나지 않는다.

03 비틀림을 받는 둥근 축에서 비틀림모멘트를 T, 축의 지름을 d, 축의 허용전단응력을 τ라 할 때 축의 지름을 구하는 공식은?

① $d = \sqrt[3]{\dfrac{\pi\tau}{16T}}$
② $d = \sqrt[3]{\dfrac{\pi\tau}{32T}}$
③ $d = \sqrt[3]{\dfrac{32T}{\pi\tau}}$
④ $d = \sqrt[3]{\dfrac{16T}{\pi\tau}}$

04 모형을 발포 폴리스티렌으로 만들고 이것을 용탕의 열에 의하여 기화 · 소실시키는 점은 풀몰드법과 같으나, 모래입자 대신에 강철입자를 사용하며 점결제 대신에 자력을 이용하는 방법은?

① 고압응고주조법
② 마그네틱주형법
③ 감압주형주조법
④ 진공주조법

05 축방향으로 동시에 40,000N의 인장 하중과 비틀림 하중을 받는 볼트의 지름은? [단, 볼트의 허용 인장 응력 $\sigma_a = 80\text{N/mm}^2$]

① 33.5mm
② 34.5mm
③ 35.5mm
④ 36.5mm

06 묻힘키 $10 \times 6 \times 80$에서 마지막 숫자인 "80"이 의미하는 것은?

① 키의 폭
② 키의 높이
③ 키의 길이
④ 키의 강도

07 가스용접에 사용되는 용융법 중 전진법과 후진법에 대한 설명으로 옳은 것은?

① 전진법의 열 이용률이 후진법보다 좋다.
② 전진법의 용접 속도가 후진법보다 빠르다.
③ 후진법의 산화 정도가 전진법보다 양호하다.
④ 후진법의 기계적 성질이 전진법보다 나쁘다.

08 다음 그림처럼 맞대기 용접을 할 경우 인장력 $P = 64{,}000\text{kgf}$에 대한 인장 응력은?

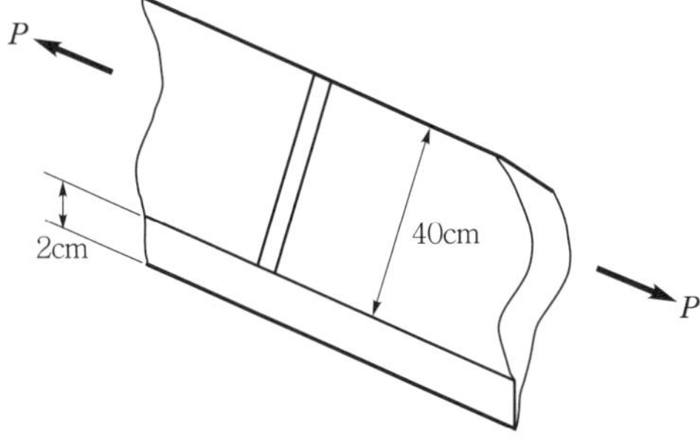

① 200kgf/cm^2
② 400kgf/cm^2
③ 800kgf/cm^2
④ $1{,}600\text{kgf/cm}^2$

09 다음 중 리벳이음의 종류가 아닌 것은?

① 플러링 이음 ② 맞대기 이음
③ 겹치기 이음 ④ 지그재그형 리벳이음

10 소성가공법 중 압연과 인발에 대한 설명으로 옳지 않은 것은?

① 압연제품의 두께를 균일하게 하기 위하여 지름이 작은 작업롤러의 위아래에 지름이 큰 받침롤러를 설치한다.
② 압하량이 일정할 때 직경이 작은 작업롤러를 사용하면 압연하중이 증가한다.
③ 연질재료를 사용하여 인발할 경우에는 경질재료를 사용할 때보다 다이(die) 각도를 크게 한다.
④ 직경이 5mm 이하의 가는 선 제작방법으로는 압연보다 인발이 적합하다.

11 미끄럼베어링과 구름베어링의 성능 비교 중 구름베어링의 장점에 속하는 것은?

① 기동저항이 작다.
② 큰 하중에 적합하다.
③ 구조가 간단하므로 특별한 부착 조건이 적다.
④ 유막 형성이 양호하여 매우 정숙하게 운전이 된다.

12 레버의 작동에 의해 폴을 이동시켜 간헐적으로 회전 운동을 전달하는 장치는?

① 기어 장치 ② 마찰차 장치
③ 래칫 장치 ④ 벨트 장치

13 1줄 겹치기 이음에서 리벳의 지름을 d, 피치를 p라고 할 때 판의 효율은 어떻게 표시되는가?

① $\eta = \frac{p}{d}$ ② $\eta = \frac{d}{p}$ ③ $\eta = \frac{p}{p-d}$ ④ $\eta = \frac{p-d}{p}$

14 다음 중 나사의 호칭지름을 표시할 때 사용하는 것은?

① 나사의 피치 ② 암나사의 안지름
③ 수나사의 바깥지름 ④ 수나사의 길이

15 입방체의 각 모서리에 한 개씩의 원자와 입방체의 중심에 한 개의 원자가 존재하는 매우 간단한 결정격자로써 Cr, Mo 등이 속하는 결정격자는?

① 체심입방격자 ② 자기입방격자
③ 면심입방격자 ④ 조밀육방격자

16 리벳의 지름이 20mm일 때 리벳구멍의 지름은?

① 19mm ② 21mm ③ 23mm ④ 25mm

17 다음 중 블랭킹(blanking)과 펀칭(punching)에 대한 설명으로 옳지 않은 것은?

① 블랭킹은 판재에 필요한 형상의 제품을 잘라낸다.
② 블랭킹은 펀치면에 쉬어를 부착한다.
③ 펀칭은 잘라낸 쪽은 폐품이 되고, 구멍이 뚫리고 남은 쪽이 제품이 된다.
④ 펀칭은 펀치 쪽을 소요 치수 형상으로 다듬는다.

18 두 축의 중심선을 일치시키기 어려운 경우에 축 간 이동이 허용되는 축이음은?

① 머프 커플링 ② 셀러 커플링
③ 반중첩 커플링 ④ 플렉시블 커플링

19 열가소성 수지와 열경화성 수지의 차이점에 대한 설명으로 옳지 않은 것은?

① 열가소성 수지는 가열에 따라 연화 · 용융 · 냉각 후 고화하지만 열경화성 수지는 가열에 따라 가교결합하거나 고화된다.
② 열가소성 수지는 플래시를 제거해야 하는 등 성형 후 마무리 · 후가공이 필요하지만, 열경화성 수지는 후가공이 필요하지 않다.
③ 열가소성 수지는 재생품의 재용융이 가능하지만, 열경화성 수지는 재용융이 불가능하기 때문에 재생품을 사용할 수 없다.
④ 열가소성 수지는 제한된 온도에서 사용해야 하지만, 열경화성 수지는 높은 온도에서도 사용할 수 있다.

20 다음 중 킹스버리 베어링이 사용되는 것은?

① 가로형 수차축 ② 소마력 디젤 엔진
③ 대마력 세로형 수차축 ④ 항공기 기관축

21 다음과 같은 특징을 가진 용접 방법은?

- 용접 시간이 비교적 짧다.
- 작업이 단순하고 결과의 재현성이 높다.
- 알루미늄과 산화철의 분말을 혼합한 것을 점화시켜 발생되는 화학반응열을 이용한다.

① 테르밋용접(termit welding)
② 버트용접(butt welding)
③ 시임용접(seam welding)
④ 스폿용접(spot welding)

22 인베스트먼트 주조법에 대한 설명 중 옳지 않은 것은?

① 복잡하고 세밀한 제품을 주조할 수 있다.
② 패턴은 왁스, 파라핀 등과 같이 열을 가하면 녹는 재료로 만든다.
③ 고온 합금으로 제품을 제작할 때는 세라믹으로 주형을 만든다.
④ 제작공정이 단순하여 비교적 저비용의 주조법이다.

23 교류 용접기에 대한 설명으로 옳지 않은 것은?

① 소음이 있고 회전부 고장이 많다.
② 전류 전압이 교번하므로 아크가 불안정하다.
③ 무부하 전압이 직류보다 크고 전격의 위험이 크다.
④ 가격이 저렴하고 유지·보수·점검에 직류보다 시간이 덜 걸린다.

24 다음에서 설명하는 자동화 생산 방식은 무엇인가?

컴퓨터를 이용한 생산시스템으로 CAD에서 얻은 설계데이터로부터 종합적인 생산 순서와 규모를 계획해서 CNC공작기계의 가공 프로그램을 자동으로 수행하는 시스템의 총칭이다.

① DNC(Distributed Numerical Control)
② FMS(Flexible Manufacturing System)
③ CAM(Computer Aided Manufacturing)
④ CIMS(Computer Integrated Manufacturing System)

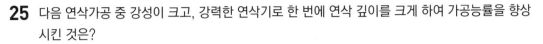

25 다음 연삭가공 중 강성이 크고, 강력한 연삭기로 한 번에 연삭 깊이를 크게 하여 가공능률을 향상시킨 것은?

① 자기연삭
② 성형연삭
③ 크립피드연삭
④ 경면연삭

26 열경화성 수지이며, 유리섬유로 강화한 것으로 인장강도, 충격강도가 우수하고, 비중이 작아 경량 구조 재료로 사용된다. 특징으로는 성형 시에 고압을 필요로 하지 않고 촉진제의 사용에 의해 상온에서도 성형할 수 있어 비교적 대형의 물건을 쉽게 만들 수 있는 것은?

① 멜라닌수지
② 페놀수지
③ FRP
④ TOM

27 그림과 같이 기입된 표면 지시기호의 설명으로 옳은 것은?

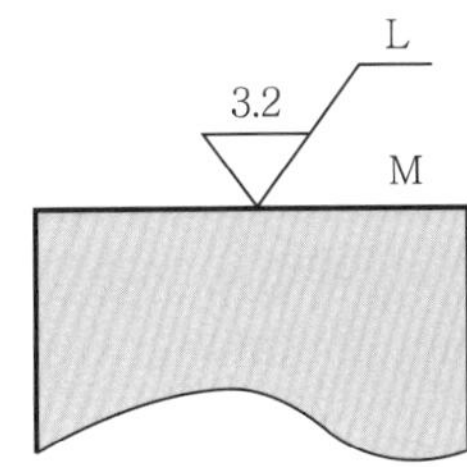

① 리머가공을 하고 가공 후 가공 줄무늬 모양은 여러 방향으로 교차 또는 무방향이 되게 한다.
② 선반가공을 하고 가공 후 가공 줄무늬 모양은 여러 방향으로 교차 또는 무방향이 되게 한다.
③ 리머가공을 하고 가공 후 가공 줄무늬 모양은 중심에 대하여 방사상이 되게 한다.
④ 선반가공을 하고 가공 후 가공 줄무늬 모양은 중심에 대하여 방사상이 되게 한다.

28 다음 중 공기스프링의 장점으로 옳지 않은 것은?

① 방음 효과가 높다.
② 서징 현상이 없다.
③ 스프링상수가 높다.
④ 고주파 진동에 절연성이 좋다.

29 재결정온도에 대한 설명으로 옳은 것은?

① 1시간 안에 완전하게 재결정이 이루어지는 온도
② 재결정이 시작되는 온도
③ 시간에 상관없이 재결정이 완결되는 온도
④ 재결정이 완료되어 결정립성장이 시작되는 온도

30 브로치 가공에 대한 설명 중 옳지 않은 것은?

① 가공 홈의 모양이 복잡할수록 느린 속도로 가공한다.
② 절삭 깊이가 너무 작으면 인선의 마모가 증가한다.
③ 브로치는 떨림을 방지하기 위하여 피치의 간격을 같게 한다.
④ 절삭량이 많고 길이가 길 때에는 절삭날 수를 많게 한다.

31 금속의 소성변형에 대한 설명으로 옳지 않은 것은?

① slip 변형: 금속의 한 원자면이 외력에 의하여 생기는 전단응력 때문에 미끄럼을 일으켜 그 결과로 발생하는 소성변형이다.
② twin 변형: 특정 평면을 경계로 하여 한 쪽의 결정이 회전을 일으킨 것과 같은 위치로 이동하여 회전을 일으키지 않은 다른 쪽의 결정과 서로 대칭인 위치에 배열하는 변형이다.
③ 가공경화: 외력이 가해지면 미끄럼이 생겨 어느 일정한 위치에서 원자 배열이 바뀐다.
④ 풀림 쌍정: 면심입방격자 구조의 금속을 단련하여 풀림하였을 때 나타나는 쌍정이다.

32 유압유의 구비조건으로 옳지 않은 것은?

① 착화점이 높을 것
② 산화에 대한 안정성이 있을 것
③ 유압 장치에 사용하는 재료에 대하여 불활성일 것
④ 물리적 및 화학적인 변화가 없고 압축성이 있을 것

33 제품의 시험검사에 대한 설명으로 옳지 않은 것은?

① 인장시험으로 항복점, 연신율, 단면감소율, 변형률을 알아낼 수 있다.
② 브리넬시험은 강구를 일정 하중으로 시험편의 표면에 압입시킨다. 경도값은 압입자국의 표면 적과 하중의 비로 표현한다.
③ 비파괴검사에는 초음파검사, 자분탐상검사, 액체침투검사 등이 있다.
④ 아이조드 충격시험은 양단이 단순지지된 시편을 회전하는 해머로 노치를 타격해 파단시킨다.

34 주물의 결함 중 수축공이 생기는 원인으로 옳지 않은 것은?

① 큰 수축공은 응고온도 구간이 짧은 합금에서 압탕량이 부족할 때 발생한다.
② 수축공은 흑연과 같은 주형의 도포제에서 발생하는 가스에 의해 발생한다.
③ 수축공이 결정립 사이에 널리 분포되는 수축공은 응고온도 구간이 긴 합금에서 발생한다.
④ 중심에 직선으로 생기는 수축공은 응고온도 구간이 짧은 합금에서 온도 구배가 부족할 때 발생한다.

35 자동하중브레이크의 종류로만 바르게 나열된 것은?

① 캠 브레이크, 나사 브레이크, 블록 브레이크
② 웜 브레이크, 코일 브레이크, 로프 브레이크
③ 밴드 브레이크, 나사 브레이크, 원심력 브레이크
④ 원추 브레이크, 밴드 브레이크, 블록 브레이크

36 맞물림클러치 중에서 정회전 · 역회전의 방향 변화를 할 수 있는 것은?

① 삼각형
② 스파이럴형
③ 삼각 톱니형
④ 사각 톱니형

37 길이방향으로 여러 개의 날을 가진 절삭공구를 구멍에 관통시켜 공구의 형상으로 가공물을 절삭하는 가공법은?

① milling
② broaching
③ boring
④ tapping

38 용접이음과 비교하여 리벳이음의 장점으로 옳은 것은?

① 제작비가 저렴하다.
② 설계를 자유롭게 할 수 있다.
③ 초대형품의 제작이 가능하다.
④ 경합금 이음에 신뢰성이 있다.

39 주물사의 구비조건으로 옳지 않은 것은?

① 내화성이 크고 열에 의한 화학적 변화가 일어나지 않아야 한다.
② 성형성이 있어야 한다.
③ 통기성이 좋아야 한다.
④ 열전도성이 불량해야 한다.

40 다음 그림과 같은 단식 블록 브레이크에서 레버 끝의 힘 F는?
[단, $a = 2{,}000\text{mm}$, $b = 1{,}000\text{mm}$, $c = 0$, 회전력 $f = 20\text{kgf}$, 마찰계수 $\mu = 0.2$]

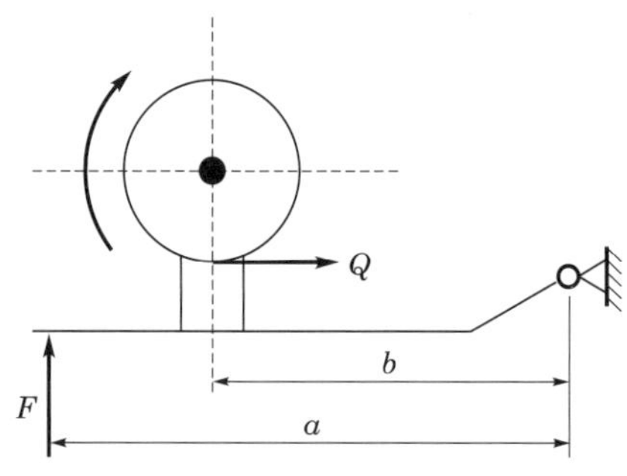

① 30kgf ② 50kgf ③ 100kgf ④ 200kgf

 회 실전 모의고사 정답 및 해설

01	③	02	④	03	④	04	②	05	④	06	③	07	③	08	③	09	①	10	②
11	①	12	③	13	④	14	③	15	①	16	②	17	②	18	④	19	②	20	③
21	①	22	④	23	①	24	③	25	③	26	③	27	②	28	③	29	①	30	③
31	③	32	④	33	④	34	②	35	②	36	①	37	②	38	④	39	모두 정답	40	②

01

정답 ③

하나의 고정도르래와 하나의 이동도르래의 조합이다.

$F=\frac{W}{2^n}=\frac{500}{2^1}=250\text{kg}$ [여기서, n: 이동도르래의 수]

중요

[고정도르래]

- 회전축의 위치가 이동하지 않는 것
- 힘의 방향 전환으로 작업 용이
- 힘의 절약: $F=W$ [즉, 힘의 이득이 없다]

[이동도르래]

- 회전축의 위치가 위아래로 이동하는 것
- 힘의 절약 $F=\frac{W}{2}$

[고정도르래와 이동도르래]

- 이동도르래의 수가 많을수록 힘의 이득 증가
- 힘의 절약: $F=\frac{W}{2^n}$ [여기서, n: 이동도르래의 수]

02

정답 ④

순철에 0.8%의 탄소(C)가 합금된 공석강을 서냉시키면 펄라이트 조직이 나온다. 강을 오스테나이트 영역까지 가열한 후 급냉시키면 마텐자이트 조직이 얻어지지만 서냉시키면 C(탄소)의 함유량에 따라 각기 다른 성질의 금속 조직이 생성된다.

03

정답 ④

$$T = \tau Zp = \tau\left(\frac{\pi d^3}{16}\right) \rightarrow d^3 = \frac{16T}{\pi\tau}$$

$$\therefore d = \sqrt[3]{\frac{16T}{\pi\tau}}$$

04

정답 ②

[마그네틱주형법(magnetic molding process)]

풀몰드법의 한 응용법으로 모형을 발포 폴리스티렌으로 만들고 이것을 용탕의 열에 의하여 기화·소실시키는 점은 풀몰드법과 같으나 모래입자 대신에 강철입자를 사용하며 점결제 대신에 자력을 이용하는 방법이다. 특징은 다음과 같다.

- 모래, 점토, 물을 배합하여 조형하던 종래의 모래 주형과는 개념이 다르다.
- 조형재료는 자성체이면 모두 사용가능하므로 강철입자 대신 산화철을 쓸 수 있다.
- 조형이 빠르고 손 쉬우며 조형가가 저렴하다.
- 주형 재료가 간단하고 내구성을 가지므로 주물사의 처리, 보관 등이 용이하다.
- 주형 자체의 통기도가 좋다.

참고

풀몰드법(full mold process)

모형으로 소모성인 발포 폴리스티렌 모형을 쓰며 조형 후 모형을 빼내지 않고 주물사 중에 매몰한 그대로 용탕을 주입하여 그 열에 의하여 모형을 기화시키고 그 자리를 용탕으로 채워 주물을 만드는 방법이다. 특징은 다음과 같다.

- 모형을 분할하지 않는다.
- 모형을 빼내는 작업이 필요 없어 모형에 경사가 불필요하다.
- 코어를 따로 제작할 필요가 없다.
- 모형의 제조나 가공이 용이하며, 변형이나 보수 및 보관이 쉽다.
- 작업공수와 불량률이 적으며 원가가 절감된다.

05

정답 ④

하중 $W = 40{,}000\text{N}$, 허용인장응력 $\sigma_a = 80\text{N/mm}^2$이고, 인장과 비틀림하중이 동시에 작용하므로

$$d = \sqrt{\frac{8W}{3\sigma_a}} = \sqrt{\frac{8 \times 40{,}000}{3 \times 80}} \fallingdotseq 36.5\text{mm}$$

06

정답 ③

키의 단면치수 표시방법 $= b \times h \times l$(폭×높이×길이)

07

정답 ③

[가스용접에서 전진법과 후진법의 특징 비교]

구분	전진법	후진법
열 이용률	나쁨	좋음
비드의 모양	보기 좋음	매끈하지 못함
홈의 각도	큼(약 80°)	작음(약 60°)
용접 속도	느림	빠름
용접 변형	큼	작음
용접 가능 두께	두께 5mm 이하의 박판	후판
가열 시간	긺	짧음
기계적 성질	나쁨	좋음
산화 정도	심함	양호함

08

정답 ③

[맞대기 용접에서의 인장응력]

$$\sigma = \frac{W}{t \times l} = \frac{64,000}{2 \times 40} = 800\mathrm{kgf/cm^2}$$

09

정답 ①

[플러링 이음]

리벳 때림 작업 후 기밀유지를 강화하기 위한 것으로, 강판의 가장자리를 플러링 공구로 때려 붙이는 작업

[오답해설]

② **맞대기 이음**: 결합할 두 판재의 양끝을 맞대어 놓고 덮개판을 한쪽 또는 양쪽에 대고 하는 이음으로, 보일러의 세로방향 이음, 구조물의 리벳팅 등에 사용

③ **겹치기 이음**: 강판과 강판을 서로 겹쳐서 하는 이음으로, 보일러의 원둘레 이음에 사용

④ **지그재그형 이음**: 리벳의 가로, 세로가 일정하지 않고 간격이 다른 이음

10

정답 ②

압하량이 일정할 경우 직경이 작은 롤러를 사용하면 압연하중이 감소하지만 직경이 큰 롤러를 사용하면 롤러의 자중에 의한 중력의 증가로 압연하중은 증가한다.

11

정답 ①

구름베어링은 마찰이 작기 때문에 미끄럼베어링보다 기둥저항이 10~50% 정도 작고, 운전 중 발열도 적다.

[미끄럼베어링의 특징]
- 마찰에 의한 동력손실이 크고 충격에 강하며 큰 힘을 받는 곳에 사용한다.
- 면 접촉을 하며 축과 접촉면이 넓어 진동이 없는 안정적인 운동이 가능하다.
- 큰 하중에 견디며 구조가 간단하고 값이 저렴하고 소음과 진동이 적다.
- 충격에 강하며 고속회전을 할 수 있다.

[구름베어링의 특징]
- 축과의 접촉면이 좁아 마찰에 의한 동력 손실이 작고 충격에 약하다.
- 볼베어링은 **점 점촉**에 의해 운동하며 롤러베어링은 **선 접촉**에 의해 운동한다.
- 규격화되어 호환성이 우수하다.

12

정답 ③

래칫 장치는 래칫과 래칫 휠로 구성된 전동 장치로 래칫의 왕복운동을 통해 래칫 휠이 간헐적으로 회전운동을 한다.

[래칫 장치]
- 래칫은 새 발톱의 모양으로 생긴 갈고리를 구동체로 하여 이것에 맞물려 간헐적인 회전운동을 시키거나 역회전을 못하게 제동하는 일종의 톱니바퀴이다.
- 원치의 래칫 장치는 드럼에 부착한 발톱차의 나사에 발톱이 걸리게 해서 드럼의 역전을 방지하고, 원치를 정지시키려고 할 때에는 반드시 래칫을 걸어야 한다.
- 정방향의 회전에는 발톱이 벗어나기 때문에 방해가 되지 않도록 되어 있다.
- 구조상 충격이 가해지기 때문에 발톱차의 부착 볼트나 핀의 절단과 이완, 나사나 발톱의 절단과 균열 등이 발생하기 쉬우므로 특히 유의할 필요가 있다.

13

정답 ④

[리벳구멍이 없는 판의 효율]

$$\eta = \frac{(p-d)\sigma t}{\sigma p t} = \frac{p-d}{p}$$

14

정답 ③

[나사의 명칭]

- 바깥지름(호칭지름): 수나사의 산 끝에서 반대편 산 끝까지의 원통 지름
- 안지름: 암나사의 산 끝에서 반대편 산 끝까지의 원통 지름
- 골지름: 암, 수나사의 산 밑에서 반대편 산 밑까지의 원통 지름
- 유효지름: 나사홈의 폭과 나사산의 폭이 같은 원통 지름
- 나사산의 각: 축선상에서 서로 인접하는 나사산의 경사면이 이루는 각
- 피치: 나사의 축선상에서 볼 때, 서로 인접하는 나사산 사이의 거리
- 리드: 나사의 감긴선에 따라 축을 1회전할 때 축 방향으로 나아가는 거리

암기

리드는 공기업 전공 시험에서 자주 등장하는 내용이므로 꼭 필수적으로 암기한다!

리드(L) = 나사의 줄수(n) × 피치(p)

15

정답 ①

- 체심입방격자(BBC): 원자가 입방체의 각 꼭짓점과, 대각선의 교점에 한 개씩 배열되어 있는 결정격자이다. 대표적으로 Cr, Mo, Ta, W, V 등이 있다.
- 면심입방격자(FCC): Al, Au, Ag, Cu, Ni, Pb
- 조밀육방격자(HCP): Cd, Zn, Mg, Co, Ti, Be

16

정답 ②

리벳구멍은 리벳지름보다 1~1.5mm 정도 크게 뚫어야 한다.

리벳지름이 20mm이므로 리벳구멍은 21~21.5mm 정도로 뚫는다.

17

정답 ②

종류	블랭킹	펀칭
원하는 형태	판재에서 필요한 형상의 제품을 잘라냄	잘라낸 쪽은 폐품이 되고 구멍이 뚫리고 남은 쪽이 제품
소요 치수 위치	다이 구멍을 소요 치수형상으로 다듬음	펀치 쪽을 소요 치수형상으로 다듬음
쉬어 부착 위치	다이면에 붙임	펀치면에 붙임

18

정답 ④

[플렉시블 커플링]

두 축의 중심선을 일치시키기 곤란한 경우, 토크의 변동으로 충격을 받는 경우, 고속 회전으로 진동을 일으키는 경우에 충격과 진동을 완화시켜 주기 위하여 이용한다.

머프 · 셀러 · 반중첩 커플링은 고정 커플링 중 원통 커플링의 종류이다.

19

정답 ②

열가소성 수지의 경우 성형 후 마무리 및 후가공이 많이 필요하지 않으나, 열경화성 수지는 플래시(flash)를 제거해야 하는 등 후가공이 필요하다.

20

정답 ③

[킹스버리 베어링]
축방향의 스러스트를 받는 베어링으로 **대마력 세로형 수차축** 등 큰 스러스트를 받는 베어링에 사용된다.

21

정답 ①

[테르밋용접]
알루미늄과 산화철 분말을 혼합한 것을 테르밋이라고 하며, 이것을 점화시키면 강력한 화학작용으로 알루미늄은 산화철을 환원하여 유리시키고 알루미나(Al_2O_3)가 된다. 이때의 화학반응열로 3,000°C 정도의 고열을 얻을 수 있어 용융된 철을 용접 부분에 주입하여 모재를 용접하는 방법이다. 특징은 다음과 같다.

- 작업이 단순하고 결과의 재현성이 높으며 전력이 필요없다.
- 용접용 기구가 간단하고 설비비가 저렴하며, 장소이동이 용이하다.
- 작업 후의 변형이 적고 용접접합강도가 낮다. 또한, 용접하는 시간이 비교적 짧다.

참고

[전기 저항 용접]

- **버트용접**: 금속 선재, 봉재, 판재 등의 단면을 맞대어서 용접시키는 방법이다.
  - **업셋용접**: 전류를 통하기 전에 용접재를 압력으로 서로 접촉시키고, 여기에 대전류를 흐르게 하여 접촉 부분이 전기저항열로 가열되어 용접 온도에 달하였을 때 다시 가압하여 융합시킨다.
  - **플래시버트용접**: 용접할 재료를 적당한 거리에 놓고 서로 서서히 접근시켜 용접 재료가 서로 접촉하면 돌출된 부분에서 전기회로가 생겨 이 부분에 전류가 집중되어 스파크(spark)가 발생되고 접촉부가 백열상태로 된다. 용접부를 더욱 접근시키면 다른 접촉부에도 같은 방식으로 스파크가 생겨 모재가 가열됨으로써 용융 상태가 되면 강한 압력을 가하여 압접하는 방법이다.
- **스폿용접**: 전극 사이에 용접물을 넣고 가압하면서 전류를 통하여 그 접촉 부분의 저항열로 가압 부분을 융합시키는 방법으로, 리벳접합은 판재에 구멍을 뚫고 리벳으로 접합시키나, 스폿용접은 구멍을 뚫지 않고 접합할 수 있다.
- **시임용접**: 스폿용접을 연속적으로 하는 것으로 전극 대신에 회전롤러 형상을 한 전극을 사용하여 용접 전류를 공급하면서 전극을 회전시켜 용접하는 방법이다.

22

정답 ④

인베스트먼트 주조법은 제작공정이 복잡한 고비용의 주조법에 속한다.

[인베스트먼트 주조법(Investment Casting)]
제품과 동일한 형상의 모형을 왁스(양초)나 파라핀(합성수지)으로 만든 후 그 주변을 슬러리 상태의 내화재료로 도포한 다음 가열하면 주형은 경화되면서 왁스로 만들어진 내부 모형이 용융되어 밖으로 빠짐으로써 주형이 완성되는 주조법이다. 로스트왁스법 또는 치수정밀도가 좋아서 정밀주조법으로도 불린다.

23

정답 ①

[직류 용접기와 교류 용접기]

구분	특징
직류 용접기	• 아크가 교류보다 안정되나 마그넷 블로우가 발생한다. • 무부하 전압이 교류보다 작고 전격의 위험이 교류보다 작다. • 발전형 직류 용접기는 소음이 있고 회전부 고장이 많다. • 교류 용접기에 비해 가격이 비싸고 유지·보수·점검에 시간이 더 걸린다.
교류 용접기	• 전류 전압이 교번하므로 아크가 불안정하다. • 무부하 접압이 직류 용접기보다 크고 전격의 위험이 크다. • 취급이 쉽고 고장이 적다. • 값이 저렴하다.

24

정답 ③

- FMS(Flexible Manufacturing System): 하나의 생산공정에서 다양한 제품을 동시에 제조할 수 있는 자동화생산시스템으로 현재 자동차공장에서 하나의 컨베이어벨트 위에서 다양한 차종을 동시에 생산하는 시스템에 적용되고 있다. 또한 동일한 기계에서 여러 가지 부품을 생산할 수 있고, 생산일정의 변경이 가능하다. 하드웨어 기본요소는 작업스테이션, 자동물류시스템과 컴퓨터 제어시스템으로 구성된다.
- DNC(Distributed Numerical Control, 직접수치제어): 중앙의 1대 컴퓨터에서 여러 대의 CNC공작기계로 데이터를 분배하여 전송함으로써 동시에 여러 대의 기계를 운전할 수 있는 시스템이다.
- CAM(Computer Aided Manufacturing, 컴퓨터응용생산): 컴퓨터를 이용한 생산시스템으로 CAD에서 얻은 설계데이터로부터 종합적인 생산 순서와 규모를 계획해서 CNC공작기계의 가공 프로그램을 자동으로 수행하는 시스템의 총칭이다.
- CIMS(Computer Integrated Manufacturing System, 컴퓨터 통합 생산시스템): 컴퓨터에 의한 통합적 생산시스템으로 컴퓨터를 이용해서 기술개발 · 설계 · 생산 · 판매 및 경영까지 전체를 하나의 통합된 생산 체제로 구축하는 시스템이다.

25

정답 ③

[크립피드(Creep-feed) 연삭]

공작물의 속도를 느리게 하는 연삭작업으로 연삭 깊이를 최대 6mm까지 깊게 할 수 있고, 숫돌은 주로 연한 결합도의 수지결합계 조직을 사용한다. 그리고 온도는 낮게 함으로써 표면 정도를 높인다.

26

정답 ③

[섬유강화플라스틱(Fiber Reinforced Plastics: FRP)]

열경화성 수지이며, 유리섬유로 강화한 것으로 인장강도, 충격강도가 우수하고, 비중이 작아 경량 구조 재료로 사용된다. 특징으로는 성형 시에 고압을 필요로 하지 않고 또한 촉진제의 사용에 의해 상온에서도 성형할 수 있으므로 비교적 대형의 물건을 쉽게 만들 수 있다.

27

정답 ②

[가공 방법]

L(lathe)	선반가공	B(boring)	보링가공
M(milling)	밀링가공	FR(file reamer)	리머가공
D(drill)	드릴가공	BR(broach)	브로치가공
G(Grinding)	연삭가공	FF	줄 다듬질

[줄무늬 방향 기호(가공 후 가공 줄무늬 모양)]

=	투상면에 평행	M	여러 방향으로 교차 또는 무방향
⊥	투상면에 수직	C	중심에 대하여 동심원
X	투상면에 교차	R	중심에 대하여 방사상

28

정답 ③

[공기스프링 장점]

- 내구성이 우수하다.
- 자동 제어가 가능하다.
- 방음 효과가 높다.
- 서징 현상이 없다
- 스프링상수를 낮게 취할 수 있다.
- 고주파 진동에 절연성이 좋다.

29

정답 ①

재결정온도는 1시간 안에 95% 이상 새로운 입자인 재결정이 완전히 형성되는 온도이다. 재결정을 하면 불순물이 제거되며 더 순수한 결정을 얻어낼 수 있는데, 이 재결정은 금속의 순도, 조성, 소성변형의 정도, 가열시간에 큰 영향을 받는다.

30

정답 ③

[브로치 가공]
브로치는 브로칭 머신에서 사용되는 공구로, 일감의 표면을 1회 통과시켜 필요치수로 절삭가공하는 방법이다. 브로치 공구의 피치의 계산은 절삭날의 길이에 의존한다. 특징은 다음과 같다.

- 기어나 풀리의 키 홈, 스플라인 키 홈 등을 가공하는 데 사용한다.
- 1회의 통과로 가공이 완료되므로 작업시간이 매우 짧아 대량생산에 적합하다.
- 가공 홈의 모양이 복잡할수록 가공속도를 느리게 한다.
- 절삭량이 많고 길이가 길 때는 절삭 날수의 수를 많게 하고 절삭깊이가 너무 얕으면 인선의 마모가 증가한다.
- 깨끗한 표면정밀도를 얻을 수 있다. 다만 공구값이 고가이다.

31

정답 ③

③번 보기는 전위에 대한 설명으로 전위를 포함하는 슬립 면은 완전한 격자로 구성된 면보다 낮은 전단 응력으로 슬립을 일으킬 수 있다.

[가공경화]
변형하는 동안 금속의 강도가 현저하게 증가되다가 어느 가공도 이상에서는 일정해지는 현상

32

정답 ④

[작동유(유압유)의 구비조건]

- 체적탄성계수가 크고 비열이 클 것
- 비중이 작고 열팽창계수가 작을 것
- 넓은 온도 범위에서 점도의 변화가 적을 것
- 점도지수가 높을 것
- 산화에 대한 안정성이 있을 것
- 윤활성과 방청성이 있을 것
- 착화점이 높을 것
- 적당한 점도를 가질 것
- 성과 유동이 있을 것
- 물리적 · 화학적인 변화가 없고 비압축성일 것
- 유압 장치에 사용하는 재료에 대하여 불활성일 것

33

정답 ④

- **샤르피식 충격시험법**: 가로방향으로 양단의 끝부분을 단순지지해 놓은 시편을 회전하는 해머로 노치부를 타격하여 재료를 파단시켜 그 충격값을 구하는 시험법이다.
- **아이조드 충격시험법**: 시험편을 세로방향으로 고정시키는 방법으로 한쪽 끝을 고정시킨 상태에서 노치부를 중앙에 고정시킨 다음 노치부가 있는 면을 해머로 타격해 시험편이 파단하여 아이조드 충격값을 구하는 시험법이다.

34

정답 ②

② **흑연과 같은 주형의 도포제에서 발생하는 가스는** 주물의 표면이 불량하거나 결함이 생기는 원인 중의 하나이다. 주물 결함의 종류는 다음과 같다.

[기공(blow hole)]

주형 내의 가스가 배출되지 못하여 주물에 생기는 결함으로 원인은 다음과 같다.

- 주형 내의 가스원
- 주형과 코어에서 발생하는 수증기
- 용탕에 흡수된 가스 중 응고할 때 방출된 것
- 주형 내부의 공기

[수축공(shrinkage cavity)]

주형 내의 용탕이 응고 수축할 때 탕의 부족에 의하여 생기는 공동부로 원인은 다음과 같다.

- 응고온도 구간이 짧은 합금에서 압탕량이 부족할 때: 큰 수축공
- 응고온도 구간이 짧은 합금에서 온도 구배가 부족할 때: 중심에 직선적으로 생기는 수축공
- 응고온도 구간이 긴 합금일 때: 결정립 간에 널리 분포되는 수축공

[편석(segregation)]

주물의 일부분에 불순물이 집중되거나 성분이 국부적으로 치우쳐 있는 것으로 다음과 같이 구분된다.

- 성분 편석: 주물의 위치에 따라 성분의 차가 있는 것
- 중력 편석: 비중의 차이에 의하여 불균일한 합금이 되는 것으로 특수원소를 첨가하여 침상 또는 수지상 결정을 생성시켜 침하 또는 부상을 못하도록 하거나, 용탕을 급랭하여 방지
- 정상 편석: 응고 방향에 따라 용질이 액체 중에서 이동하여 주물의 중심부에 모이는 것으로 응고 시간이 길수록 그 정도가 커짐
- 역편석: 용질이 주물 표면으로 스며 나와 성분 함량이 많은 결정이 외측에 생기는 것

[고온 균열]

- 금속이 소량의 융액을 보유하는 고체 영역으로 응고·냉각될 때 인장력을 받으면 융액이 보급될 수 있는 조건이 되지 못하여 영구균열로 남게 되는 균열
- 황화물, 인화물과 같은 저용융점 불순물이 함유되었을 때 많이 발생

[주물 표면 불량 원인]
- 흑연과 같은 주형의 도포제에서 발생하는 가스에 의한 것
- 용탕의 압력에 의한 것
- 조대한 사립에 의한 것
- 통기성의 부족에 의한 것
- 사립의 결합력 부족에 의한 것

[치수 불량 원인]
- 주물자 선정의 부적절에 의한 것
- 모형의 변형에 의한 것
- 코어의 변형에 의한 것
- 주형의 상형과 하형의 조립 불량에 의한 것
- 중추의 중량 부족에 의한 것

[변형과 균열]
금속이 고온에서 저온으로 냉각될 때 어느 온도 이상에서는 결정입자 간에 변형저항을 주고받지 않으나, 어느 온도 이하에서는 저항을 주고받게 되는데, 이 경계온도를 천이온도라 하며, 이 온도 이하에서 결정립의 변형을 저지하는 응력을 잔류응력이라 한다. 이상의 원인에 의하여 수축이 부분적으로 다를 때 변형과 균열이 발생한다. 변형과 균열의 방지법은 다음과 같다.
- 단면의 두께 변화를 심하게 하지 말 것
- 각 부의 온도차를 적게 할 것
- 각 부는 라운딩할 것
- 급랭을 피할 것

[유동성 불량]
- 주물에 너무 얇은 부분이 있거나 용탕의 온도가 너무 낮을 때 탕이 밑단까지 미치지 못하여 불량 주물이 되는 것
- 최소 두께: 주철-3mm, 주강-4mm

[불순물 혼입]
주물에 불순물이 혼입되어 불량 주물이 되는 것으로 다음과 같은 원인에 의해 발생한다.
- 용재의 접착력이 커서 금속탕에서 분리가 잘 되지 않을 경우
- 불순물인 용재가 압탕구나 라이저에서 부유할 여유가 없이 금속탕에 빨려 들어갈 때
- 주형 내의 주형사가 섞여 들어가는 경우

35

정답 ②

[자동하중브레이크의 종류]
웜 브레이크, 나사 브레이크, 코일 브레이크, 캠 브레이크, 로프 브레이크, 원심력 브레이크

36

정답 ①

[맞물림 클러치]

정회전 · 역회전 가능		정회전 · 역회전 불가능	
삼각형	경하중	삼각톱니형	경 · 중하중
직사각형	중하중	스파이럴형	비교적 중하중
사다리형	경 · 중하중	사각톱니형	중하중

37

정답 ②

[브로칭(broaching) 가공]

가공물에 홈이나 내부 구멍을 만들 때 가늘고 길며 길이방향으로 많은 날을 가진 총형공구인 브로치를 일감에 대고 누르면서 관통시켜 단 1회의 절삭공정만으로 제품을 완성시키는 가공법이다. 따라서 공작물이나 공구가 회전하지 않는다.

38

정답 ④

[리벳이음의 특징]

- 구조물의 현장조립 시 용접이음보다 작업을 쉽게 할 수 있다.
- 경합금과 같이 용접이 곤란한 재료에는 리벳을 사용하는 것이 효율적이다.
- 용접이음과는 달리 열응력에 의한 잔류변형이 생기지 않으므로 취성파괴가 일어나지 않는다.
- 리벳 길이방향으로 인장응력이 생기므로 길이방향의 하중에 약하다.
- 영구적인 이음이므로 분해 시 파괴해야 한다.
- 소음이 발생하며 기밀 · 수밀의 유지가 곤란하다.

39

정답 모두 정답

[주물사의 구비조건]

- 통기성이 좋아야 한다.
- 성형성이 있어야 한다.
- 내화성이 크고, 열에 의한 화학적 변화가 일어나지 않아야 한다.
- 열전도도가 낮아서 용탕이 빨리 식지 않아야 한다(열전도성이 불량해야 한다).
- 제품 분리 시 파손 방지를 위해 주물 표면과의 접착력(접합력)이 좋으면 안된다.
- 적당한 강도를 가져야 한다.
- 가격이 저렴하고 구하기 쉬워야 한다.

40

정답 ②

$c=0$이면 중작용 선형이다.

$$\therefore\ F=\frac{fb}{\mu a}=\frac{20\times 1{,}000}{0.2\times 2{,}000}=50\text{kgf}$$

Memo

2회 실전 모의고사

1문제당 2.5점 / 점수 [ ]점

→ 정답 및 해설: p.102

01 다음 중 가공물이 회전운동하고 공구가 직선이송운동을 하는 공작기계는?

① 니블링 ② 보링머신
③ 플레이너 ④ 선반

02 스프링 재료 중 지진계나 정밀 기계에 사용되는 것은?

① 고속도강 ② 합금 공구강
③ 스테인리스강 ④ 엘린바

03 다음 중 연삭가공의 특징으로 옳지 않은 것은?

① 경화된 강과 같은 단단한 재료를 가공할 수 있다.
② 가공물과 접촉하는 연삭점의 온도가 비교적 낮다.
③ 정밀도가 높고 표면거칠기가 우수한 다듬질 면을 얻을 수 있다.
④ 숫돌 입자는 마모되면 탈락하고 새로운 입자가 생기는 자생작용이 있다.

04 박판성형가공법의 하나로 선반의 주축에 다이를 고정하고 심압대로 소재를 밀어서 소재를 다이와 함께 회전시키면서 외측에서 롤러로 소재를 성형하는 가공법은?

① 스피닝(spinning) ② 벌징(bulging)
③ 비딩(beading) ④ 컬링(curling)

05 다음 중 레이디얼 저널에서 베어링의 압력을 구하는 식은? [단, d : 지름, l : 저널의 길이, P : 하중, p : 베어링 압력]

① $p = \frac{dP}{l}$ ② $p = \frac{dl}{P}$ ③ $p = \frac{P}{dl}$ ④ $p = \frac{Pl}{d}$

06 다음과 같은 엔드 저널 베어링에서 길이 l과 지름 d, 저널에 발생되는 허용 굽힘 응력 σ_b, 베어링의 마찰 손실 동력 H_f는? [단, $\pi = 3$]

- 마찰계수 $\mu = 0.003$
- 회전수 $N = 1,800\text{rpm}$
- 베어링 하중 $P = 1,000\text{kg}$
- 허용 베어링 압력 $p = 0.04\text{kg/mm}^2$
- 압력속도계수(발열계수) $pv = 0.4\text{kg/mm}^2 \cdot \text{m/s}$

① $l = 113\text{mm},\ d = 55\text{mm},\ \sigma_b = 0.42\text{kg/mm}^2,\ H_f = 0.2\text{PS}$
② $l = 113\text{mm},\ d = 55\text{mm},\ \sigma_b = 0.84\text{kg/mm}^2,\ H_f = 0.4\text{PS}$
③ $l = 225\text{mm},\ d = 111\text{mm},\ \sigma_b = 0.42\text{kg/mm}^2,\ H_f = 0.2\text{PS}$
④ $l = 225\text{mm},\ d = 111\text{mm},\ \sigma_b = 0.84\text{kg/mm}^2,\ H_f = 0.4\text{PS}$

07 구름 베어링의 호칭번호가 6000일 때 안지름은 몇 mm인가?

① 5 ② 8 ③ 10 ④ 50

08 유체의 유량, 흐름의 단속, 방향의 전환, 압력 등을 조절하는 데 사용하는 것은?

① 밸브 ② 패킹
③ 소켓 ④ 플렌지

09 리드 9mm, 2줄 나사의 수나사에 암나사가 끼워져 있다. 이 암나사 주위를 60등분한 눈금의 이동량은?

① 0.15mm ② 0.3mm ③ 0.075mm ④ 0.45mm

10 니켈의 자기변태온도, 코발트의 자기변태온도, 철의 자기변태온도를 모두 합하면?

① 1,976 ② 2,076 ③ 2,176 ④ 2,276

11 두 축의 중심거리가 300mm이고, 속도비가 2:1로 감속되는 외접 원통마찰의 원동차(D_1)와 종동차(D_2)의 지름은 각각 몇 mm인가?

① $D_1 = 600\text{mm}$, $D_2 = 1,200\text{mm}$
② $D_1 = 200\text{mm}$, $D_2 = 400\text{mm}$
③ $D_1 = 100\text{mm}$, $D_2 = 200\text{mm}$
④ $D_1 = 300\text{mm}$, $D_2 = 600\text{mm}$

12 냉간가공과 열간가공을 비교한 설명 중 옳지 않은 것은?

① 냉간가공은 재결정 온도 이하에서 가공하지만, 열간가공은 재결정 온도 이상에서 가공한다.
② 냉간가공은 변형응력이 낮지만, 열간가공은 변형응력이 높다.
③ 냉간가공은 표면 상태가 양호하지만, 열간가공은 표면 상태가 불량하다.
④ 냉간가공은 치수정밀도가 우수하지만, 열간가공은 치수정밀도가 불량하다.

13 지름 30mm, 길이 150mm인 저널에 450kgf의 가로 하중이 작용할 때 베어링 압력은?

① 0.1kgf/mm^2
② 0.3kgf/mm^2
③ 0.5kgf/mm^2
④ 1.0kgf/mm^2

14 표준 스퍼기어에서 이의 두께는 원주 피치의 몇 배인가?

① 1
② 0.5
③ 2
④ 0.25

15 다음 중 표면거칠기에 대한 설명으로 옳지 않은 것은?

① 표면거칠기에 대한 의도를 제조자에게 전달하는 경우 일반적으로 삼각기호를 사용한다.
② 표면거칠기는 제품의 표면에 생긴 가공 흔적이나 무늬로 형성된 오목하거나 볼록한 차를 의미한다.
③ $R_{\max}$, R_a, R_z의 표면거칠기 표시 중에서 R_a값이 가장 작다.
④ 10점 평균거칠기 R_z는 표면거칠기곡선의 상위 3개 값과 하위 3개 값을 이용하여 표시한다.

16 기존의 초임계압보다 높은 압력, 온도로 운영되는 발전소를 초초임계압 발전소라고 한다. 그렇다면 초초임계압 발전소의 증기 압력은 약 몇 kgf/cm^2 이상이며 증기 온도는 약 몇 °C 이상인가?

① $224kgf/cm^2$, 374°C ② $234kgf/cm^2$, 484°C
③ $241kgf/cm^2$, 514°C ④ $246kgf/cm^2$, 593°C

17 정확하게 기계 가공된 강재의 금형에 용융 금속을 주입하여 필요한 주조 형상과 똑같은 주물을 얻는 정밀주조 방법은?

① 원심주조법 ② 셀주조법 ③ 다이캐스팅 ④ 칠드주조법

18 다음은 사출성형품의 불량원인과 대책에 대한 설명이다. 어떤 현상을 설명한 것인가?

딥드로잉가공에서 성형품의 측면에 나타나는 외관 결함으로 제품 표면에 성형재료의 유동궤적을 나타내는 줄무늬가 생기는 성형 불량이다.

① 플로마크(flow mark) 현상 ② 싱크마크(sink mark) 현상
③ 웰드마크(weld mark) 현상 ④ 플래시(flash) 현상

19 베럴가공의 특징으로 옳지 <u>않은</u> 것은?

① 재료의 제약이 거의 없다.
② 다량의 제품이라도 한 번에 품질이 일정하게 공작될 수 있다.
③ 작업이 간단하며 기계설비가 저렴하다.
④ 형상이 복잡하더라도 각부를 동시에 가공할 수 있다.

20 NC프로그램의 어드레스(address)와 그 기능을 짝지은 것으로 옳지 <u>않은</u> 것은?

① M – 준비기능 ② F – 주축기능 ③ S – 이송기능 ④ G – 보조기능

21 절삭가공에 대한 일반적인 설명으로 옳은 것은?

① 경질재료일수록 절삭저항이 감소하여 표면조도가 양호하다.
② 절삭깊이를 감소시키면 구성인선이 감소하여 표면조도가 양호하다.
③ 절삭속도를 증가시키면 절삭저항이 증가하여 표면조도가 불량하다.
④ 절삭속도를 감소시키면 구성인선이 감소하여 표면조도가 양호하다.

22 전해연마는 양극(+)에 연마해야 할 금속을 연결하여 전해액 안에서 행해지는 표면다듬질 공정을 말하며 전기도금과 반대되는 개념으로 광활한 면을 얻기 위한 다듬질 방법이다. 다음 중 전해연마의 특징에 대한 설명으로 옳지 않은 것은?

① 가공 표면에 변질층이 생기지 않고 방향성이 없는 깨끗한 면이 만들어진다.
② 광택이 우수하며 내마모성 및 내부식성이 증대된다.
③ 불균일한 조직 또는 두 종류 이상의 재질도 연마가 가능하다.
④ 연마량이 적어 깊은 상처의 제거는 곤란하다.

23 체인 전동에서 롤러 체인을 하나의 고리로 연결할 경우 이음 링크를 사용할 수 있는 링크의 수는?

① 20 ② 21 ③ 23 ④ 29

24 다음의 공작기계 중 위치정밀도가 가장 높은 구멍을 가공할 수 있는 것은?

① 정밀 보링머신 ② 레이디얼 드릴링 머신
③ 수직 드릴링 머신 ④ 지그 보링머신

25 초경합금에 대한 설명으로 옳지 않은 것은?

① 1,000°C의 고온에서도 경도변화 없이 고속절삭이 가능한 절삭공구이다.
② WC, TiC, TaC 분말에 Co나 Ni 분말을 함께 첨가한 후 1,400°C 이상의 고온으로 가열하면서 프레스로 소결시켜 만든다. 또한, HRC 50 이상으로 경도가 우수하다.
③ 진동이나 충격을 받으면 쉽게 깨지는 단점이 있다.
④ 고속도강의 2배의 절삭속도로 가공이 가능하다.

26 사형주조에서 응고 중에 수축으로 인한 용탕의 부족분을 보충하는 곳은?

① 라이저 ② 게이트 ③ 탕구 ④ 탕도

27 절삭가공에서 발생하는 플랭크 마모에 대한 설명으로 옳은 것은?

① 공구와 칩 경계에서 원자들의 상호이동이 주요 원인이다.
② 공구의 여유면과 절삭면과의 마찰로 발생한다.
③ 공구 경사면과 칩 사이의 고온 · 고압에 의해 발생한다.
④ 공구와 칩 경계의 온도가 어떤 범위 이상이 되면 마모는 급격하게 증가한다.

28 다음 중 기어의 제작 방법이 나머지와 다른 하나는?

① 래크형 기어 커터 절삭법
② 피니언형 기어 커터 절삭법
③ 기어 셰이퍼 절삭법
④ 총형 커터 절삭법

29 기계가 받는 진동이나 충격을 완화하기 위한 것으로, 작은 구멍의 오리피스로 액체를 유출하면서 진동을 감쇠시키는 완충장치는?

① 유압 댐퍼
② 고무 완충기
③ 링 스프링 완충기
④ 공기 스프링

30 $\sigma_c = 20\text{kg/mm}^2$, $\tau = 4\text{kg/mm}^2$, $\sigma_t = 10\text{kg/mm}^2$일 때, 두께 $t = 25\text{mm}$인 강판의 2줄 겹치기 평행형 리벳 이음에서 지름 d와 피치 p는?
[단, σ_c: 허용 인장 응력, τ: 리벳의 허용 전단 응력, σ_t: 강판의 허용 압축 응력]

① $d = 149\text{mm}$, $p = 694\text{mm}$
② $d = 159\text{mm}$, $p = 794\text{mm}$
③ $d = 169\text{mm}$, $p = 894\text{mm}$
④ $d = 179\text{mm}$, $p = 994\text{mm}$

31 다음 리벳 중 강도 및 기밀을 요하는 곳에 사용하는 것은?

① 구조용 리벳
② 고압용 리벳
③ 보일러용 리벳
④ 저압용 리벳

32 다음 중 축 설계 시 주의사항이 아닌 것은?

① 축의 처짐을 고려해야 한다.
② 축의 회전 속도는 임계 속도를 넘게 제작하여 안정성을 높인다.
③ 축 설계 시, 강도를 먼저 고려하고 강성을 고려한다.
④ 유체와 접촉하는 축은 내식성 재료를 사용해야 한다.

33 두 개나 그 이상으로 나란히 연속된 롤러에 의해 연속적으로 금속판재를 넣어 원하는 형상으로 성형하는 가공법으로 순차적으로 생산하므로 제품의 외관이 좋으며 대량생산이 가능한 방법은 무엇인가?

① 롤포밍
② 로터리스웨이징
③ 플랜징
④ 게링법

34 헬리컬 기어의 비틀림각을 크게 할 때 나타나는 현상으로 옳은 것은?

① 추력이 증가된다.
② 물림률이 증대된다.
③ 축방향의 물림 잇수가 증가된다.
④ 작은 기어의 잇수를 감소시킬 수 있다.

35 드릴가공에 대한 설명 중 옳지 않은 것은?

① 드릴날의 각 지점에서의 경사각과 원주속도는 중심으로부터의 거리에 따라 다르다.
② 드릴 프레스의 크기는 통상 작업대에서 설치할 수 있는 공작물의 최대 길이로 표시된다.
③ 건드릴은 아주 깊은 구멍을 뚫을 때 사용된다.
④ 드릴 수명은 통상 드릴이 마멸되어 추력의 증가가 어떤 한계 값에 도달할 때까지 뚫을 수 있는 구멍의 수로 정의된다.

36 V벨트 전동 장치에 대한 설명으로 옳지 않은 것은?

① 전동 효율이 96~99%로 매우 높다.
② 속도비는 보통 7:1이며, 때로는 10:1까지 크게 할 수 있다.
③ 엇걸기를 할 수 없기 때문에 두 축의 회전 방향이 같을 때만 사용할 수 있다.
④ 사용거리는 중심거리 2~5m이고, 수십 cm 이내에서는 사용을 피해야 한다.

37 선삭가공에서 공작물의 회전수가 200rpm, 공작물의 길이가 100mm, 이송량이 2mm/rev일 때 절삭시간은?

① 4초 ② 15초 ③ 30초 ④ 60초

38 다음 중 절삭공구의 구비조건에 해당되지 않는 것은?

① 강인성이 클 것
② 마찰계수가 클 것
③ 내마모성이 높을 것
④ 고온에서 경도가 저하되지 않을 것

39 1차로 가공된 가공물의 안지름보다 다소 큰 강구(steel ball)를 압입 통과시켜서 가공물의 표면을 소성변형으로 가공하는 방법은?

① 버니싱(burnishing)
② 리밍(reaming)
③ 스폿페이싱(spotfacing)
④ 그라인딩(grinding)

40 고상용접 중에서 표면이 더러워지는 것을 방지하기 위하여 적당한 내산화막을 만들거나 진공 중에서 작업하는 용접 방법은?

① 롤 용접 ② 마찰 용접
③ 초음파 용접 ④ 확산 용접

2회 실전 모의고사 정답 및 해설

01	④	02	④	03	②	04	①	05	③	06	④	07	③	08	①	09	①	10	④
11	②	12	②	13	①	14	②	15	④	16	④	17	③	18	①	19	정답 없음	20	모두 정답
21	②	22	③	23	①	24	④	25	④	26	①	27	②	28	④	29	①	30	②
31	③	32	②③	33	①	34	모두 정답	35	②	36	④	37	②	38	②	39	①	40	④

01

정답 ④

- 선반: 가공물이 회전 운동하고 공구가 직선이송운동하는 공작기계
- 보링: 공구를 회전시켜 구멍의 크기를 넓히는 기계
- 플레이너: 공구가 왕복운동하여 넓은 평면을 가공하는 기계
- 니블링: 연속왕복운동으로 판재를 절단하는 기계

참고

핵소잉 머신은 톱기계로서 공작물을 고정시키고 톱날이 직선왕복운동을 한다.

02

정답 ④

[스프링 재료]

용도	재료
정밀기계 및 측정기	인바, 엘린바
부식이 있는 곳	스테인리스강, 구리 합금
고온이 발생하는 곳	고속도강, 합금 공구강, 스테인리스강

03

정답 ②

[연삭가공의 특징]

- 정밀도가 높고 표면거칠기가 우수하다.
- 담금질 처리가 강, 초경합금 등 단단한 재료의 가공이 가능하다.
- 숫돌 날이 무뎌지면 탈락하고 새로운 날이 생성되는 자생작용이 있다.
- 숫돌 입자와 공작물의 마찰면적이 여타 공작방법보다 크기 때문에 접촉점의 온도가 비교적 높은 편이다.
- 입자끼리 결합되어 고속으로 회전하므로 숫돌 균열에 주의해야 한다.

★ 자생과정의 순서: 마멸 → 파쇄 → 탈락 → 생성

04

정답 ①

[스피닝(spinning)]
선반의 주축에 제품과 같은 형상의 다이를 장착한 후 심압대로 소재를 다이와 밀착시킨 후 함께 회전시키면서 강체 공구나 롤러로 소재의 외부를 강하게 눌러서 축에 대칭인 원형의 제품을 만드는 **박판(얇은 판) 성형가공법**이다. 탄소강 판재로 이음매 없는 국그릇이나 알루미늄 주방용품을 소량생산할 때 사용하는 가공법으로 **보통 선반과 작업방법이 비슷**하다.

05

정답 ③

d: 지름, l: 저널의 길이, P: 하중, p: 베어링 압력일 때

베어링 압력 $p=\dfrac{P}{dl}$

06

정답 ④

- 발열계수 $pv=\dfrac{P}{dl}\times\dfrac{\pi dN}{60\times 1{,}000}$

  $\rightarrow\ l=\dfrac{\pi PN}{60{,}000pv}=\dfrac{3\times 1{,}000\times 1{,}800}{60{,}000\times 0.4}=225\text{mm}$

- 베어링의 압력 $p=\dfrac{P}{dl}$

  $\rightarrow\ d=\dfrac{P}{pl}=\dfrac{1{,}000}{0.04\times 225}\fallingdotseq 111\text{mm}$

- 엔드 저널의 지름 $d=\sqrt[3]{\dfrac{5.1Pl}{\sigma_b}}$

  $\rightarrow\ \sigma_b=\dfrac{5.1Pl}{d^3}=\dfrac{5.1\times 1{,}000\times 225}{111^3}=0.84\text{kg/mm}^2$

- 속도 $v=\dfrac{\pi dN}{60\times 1{,}000}=\dfrac{3\times 111\times 1{,}800}{60{,}000}=9.99\text{m/s}$ 이므로

  손실동력 $H_f=\dfrac{\mu Pv}{75}=\dfrac{0.003\times 1{,}000\times 9.99}{75}\fallingdotseq 0.4\text{PS}$

07

정답 ③

안지름의 크기는 베어링 호칭번호 뒤의 두 자리를 이용하여 구한다.

안지름번호	00	01	02	03	04
안지름	10mm	12mm	15mm	17mm	20mm

→ 04부터는 곱하기 5를 한다. (예 08이면 40mm)
단, 한 자리일 때는 그대로 읽는다(호칭번호가 628이면 안지름은 그대로 8mm).

2회 실전 모의고사

08

정답 ①

- 패킹: 회전운동, 왕복운동, 나선운동 등 운동 부위의 기체의 누설을 방지하는 밀봉장치
- 소켓: 양 끝에 나사가 절삭되어 있는 짧은 관 모양의 관 이음쇠
- 플랜지: 부품의 보강을 위해 소재 주위에 붙은 러그

09

정답 ①

리드는 나사를 한 바퀴 감았을 때 축방향으로 나아가는 거리이다. 여기서 암나사 주위를 60등분 했으므로 눈금의 이동량은 $9 \times \frac{1}{60} = 0.15\text{mm}$ 이다.

10

정답 ④

- 철의 자기변태점(큐리점): 768°C
- 니켈의 자기변태점: 358°C(니켈은 358°C 이상이 되면 강자성체에서 상자성체로 변하여 자성을 잃는다.)
- 코발트의 자기변태점: 1,150°C

11

정답 ②

두 축의 중심거리 $C = \frac{D_1 + D_2}{2}$ 이므로[단, C: 300mm]

$600 = D_1 + D_2$ ⋯ ①

속도비 $i = \frac{N_2}{N_1} = \frac{D_1}{D_2}$ 에서 $\frac{1}{2} = \frac{N_2}{N_1} = \frac{D_1}{D_2} \rightarrow 2D_1 = D_2$ ⋯ ②

①에 ②를 대입하면

$3D_1 = 600$

$\therefore D_1 = 200\text{mm},\ D_2 = 400\text{mm}$

12

정답 ②

[냉간가공과 열간가공]

구분	냉간가공	열간가공
가공 온도	재결정 온도 이하	재결정 온도 이상
변형응력	높음	낮음
치수정밀도	양호	불량
표면상태	양호	불량
용도	연강, 구리, 합금, STS 등의 가공	압연, 단조, 압출가공

13

정답 ①

[베어링 압력]

$$p=\frac{\text{하중}}{\text{지름}\times\text{길이}}=\frac{P}{dl}=\frac{450}{30\times 150}=0.1\text{kgf/mm}^2$$

14

정답 ②

표준 스퍼기어에서 이의 두께는 원주 피치의 $\frac{1}{2}$인 기어가 창성된다.

15

정답 ④

• 표면거칠기 표시 중에서 중심선 평균거칠기 값인 R_a 값이 가장 작고 R_{max}가 가장 크다.
• 10점 평균거칠기 R_z는 표면거칠기곡선의 상위 5개 값과 하위 5개 값을 이용하여 표시한다.

16

정답 ④

[초초임계압 발전소]

기존의 초임계압보다 더 높은 증기압력 246kgf/cm^2 이상, 증기온도 593°C 이상인 발전소를 초초임계압 발전소라고 한다.

암기

물의 임계점은 225.65kgf/cm^2, 374.15°C이고 임계점 이상의 압력에서 물은 증발과정을 거치지 않고 바로 과열증기가 된다.

17

정답 ③

[다이캐스팅(die casting)]

용융금속을 금형(영구주형) 내에 대기압 이상의 높은 압력으로 빠르게 주입하여 용융금속이 응고될 때까지 압력을 가하여 압입하는 주조법으로 다이주조라고도 하며, 주물 제작에 이용되는 주조법이다. 필요한 주조 형상과 완전히 일치하도록 정확하게 기계가공된 강재의 금형에 용융금속을 주입하여 금형과 똑같은 주물을 얻는 방법으로 그 제품을 다이캐스트 주물이라고 한다.

• 사용재료: 아연, 알루미늄, 주석, 구리, 마그네슘 등의 합금
• 용도: 사진기, 자동차 부품, 전기기구, 광학기구, 라디오, TV부품, 통신기기, 방직기 등

[장점]

• 정밀도가 높고 주물 표면이 매끈하다.
• 기계적 성질이 우수하며, 대량생산이 가능하고 얇고 복잡한 주물의 주조가 가능하다.
• 기공이 적고 결정립이 미세화되며 치밀한 조직을 얻을 수 있다.
• 가압되므로 조직이 치밀하고 기공이 적다.
• 기계가공이나 다듬질할 필요가 없으므로 생산비가 저렴하다.
• 다이캐스팅된 주물재료는 얇기 때문에 주물 표면과 중심부 강도는 동일하다.

[단점]
- 가입 시 공기 유입이 용이하며 열처리하면 부풀어 오르기 쉽다.
- 주형재료보다 용융점이 높은 금속재료에는 적합하지 않다.
- 시설비와 금형제작비가 비싸고 생산량이 많아야 경제성이 있다. 즉, 소량생산은 적합하지 않다.

18

정답 ①

- **플로마크현상**: 딥드로잉가공에서 성형품의 측면에 나타나는 외관 결함으로 제품 표면에 성형 재료의 유동궤적을 나타내는 줄무늬가 생기는 성형 불량이다.
- **싱크마크현상**: 냉각속도가 큰 부분의 표면에 오목한 형상이 발생하는 불량이다. 이 결함을 제거하려면 성형품의 두께를 균일하게 하거나 러너와 게이트를 크게 하여 금형 내의 압력이 균일하도록 해야 한다.
- **웰드마크현상(웰드라인)**: 플라스틱 성형 시 흐르는 재료들의 합류점에서 재료의 융착이 불완전하여 나타나는 줄무늬 불량이다.
- **플래시현상**: 금형의 파팅라인(parting line)이나 이젝터핀(ejector pin) 등의 틈에서 흘러나와 고화 또는 경화된 얇은 조각 모양의 수지가 생기는 것을 말하는 것으로 이를 방지하기 위해서는 금형 자체의 밀착성을 좋게 하도록 체결력을 높여야 한다.

19

정답 정답 없음

[배럴가공(배럴다듬질)]
충돌가공방식으로 회전 또는 진동하는 상자에 가공품과 숫돌 입자, 공작액, 컴파운드 등을 함께 넣어 서로 부딪히게 하거나 마찰로 가공물 표면의 요철을 제거하고 평활한 다듬질 면을 얻는 가공법이다. 고무 라이닝을 한 회전 상자를 배럴(barrel)이라 한다.

[특징]
- 금속, 비금속 모두 가공이 가능하다.
- 형상이 복잡하더라도 각부를 동시에 가공할 수 있다.
- 다량의 제품이라도 한 번에 품질이 일정하게 공작될 수 있다.
- 작업이 간단하고 기계설비가 저렴하다.

20

정답 모두 정답

코드	종류	기능
G코드	준비기능	주요 제어장치들의 사용을 위해 공구를 준비시키는 기능
M코드	보조기능	부수장치들의 동작을 실행하기 위한 것으로 주로 ON/OFF 기능
F코드	이송기능	절삭을 위한 공구의 이송속도 지령
S코드	주축기능	주축의 회전수 및 절삭속도 지령
T코드	공구기능	공구 준비 및 공구 교체, 보정 및 오프셋량 지령

21

정답 ②

절삭깊이를 감소시키면 절삭 시 공구에 작용하는 압력과 마찰열이 줄어든다. 따라서 구성인선의 발생을 방지할 수 있다. → 구성인선이 발생하지 않으므로 표면조도가 양호하다.

22

정답 ③

[전해연마]

양극(+)에 연마해야 할 금속을 연결하여 전해액 안에서 행하는 표면다듬질 작업이다. 전기도금과 반대되는 개념으로 광활한 면을 얻기 위한 다듬질법으로 사용된다.

[특징]

- 가공 표면의 변질층이 생기지 않으며, 방향성이 없는 깨끗한 면이 만들어진다.
- 복잡한 모양의 연마에 유리하다.
- 광택이 매우 좋고, 내마모성, 내부식성이 증가한다.
- 연마량이 적어 깊은 상처의 제거는 곤란하다.
- 불균일한 조직 또는 두 종류 이상의 재질은 다듬질이 곤란하다.
- 알루미늄, 구리 등도 용이하게 연마할 수 있다.

23

정답 ①

- **이음 링크**: 롤러 체인을 하나의 고리로 연결할 때 **링크의 수가 짝수**일 경우 사용
- **오프셋 링크**: 롤러 체인을 하나의 고리로 연결할 때 **링크의 수가 홀수**일 경우 사용

24

정답 ④

[지그보링머신]

드릴링 머신 또는 보통 보링 머신으로 뚫은 구멍은 중심 위치의 정밀도가 충분하지 못하다. 따라서 정밀도가 큰 일감, 특히 각종 지그(jig) 제작 및 정밀기계의 구멍 가공 등에 사용하기 위한 전문기계로 **지그보링머신**을 사용한다. 그리고 지그보링머신은 반드시 **항온실습실**(20°C)에 설치한다.

25

정답 ④

[초경합금의 특징]

- 고속도강의 **4배**의 **절삭속도**로 가공이 가능하다.
- 경도가 높고, 내마모성이 크다.
- 고온에서 변형이 적다.
- 코발트와 소결합금으로 이루어진 공구이다.
- HRC(로크웰 경도 C스케일) 50 이상으로 경도가 크다.

참고

스텔라이트는 고속도강의 2배의 절삭속도로 가공이 가능하다.

26

정답 ①

- **라이저(압탕)**: 응고 중 용탕의 수축으로 인해 용탕이 부족한 곳을 보충하기 위한 용탕의 추가 저장소이다. 용탕에 압력을 가한다는 압탕과 높이 솟아올라있다는 라이저(riser)를 명칭으로 사용하는 주조의 구성요소이다.
- **게이트(주입구)**: 탕도에서 용탕이 주형 안으로 들어가는 부분이다. 주입 시 용탕이 주형에 부딪쳐 역류가 일어나지 않으면서 주형 안에 있는 가스가 잘 빠져나가도록 하고 주형의 구석까지 잘 채워지도록 설계한다.
- **탕구**: 주입컵을 통과한 용탕이 수직으로 자유낙하하여 흐르는 첫 번째 통로이다. 탕구는 보통 수직으로 마련된 유도로로써 탕도에 연결되어 있다. 탕구에서 용탕이 수직으로 낙하할 때 튀어 오르거나 소용돌이 현상을 최소화할 수 있는 모양과 크기로 만들어져야 한다.
- **탕도(runner)**: 용탕이 탕구로부터 주형입구인 주입구까지 용탕을 보내는 수평부분으로 용탕을 게이트에 알맞게 분배하며, 용탕에 섞인 불순물이나 슬래그를 최종적으로 걸러주어 깨끗한 용탕이 주입구를 통해 주형 안으로 충전되도록 한다.

참고

[사형주조(sand casting)]
모래를 사용해서 탕구계를 포함하는 주물모형을 만든 후 이 내부에 용탕을 주입하고 냉각시키면 금속이 응고된 후 모래주형을 깨뜨려 주물을 꺼내는 주조법이다. 공작기계의 받침대나 실린더헤드, 엔진블록, 램프의 하우징을 만들 때 사용하는 주조법으로 현재 가장 많이 사용되고 있다.

27

정답 ②

- **크레이터 마모**: 경사면 마멸로도 불리는 크레이터 마모는 공구 날의 윗면이 칩과의 마찰에 의해 오목하게 파이는 현상이다. 그리고 주원인은 공구와 칩 경계에서 원자들의 상호이동이다. 또한 공구와 칩 경계의 온도가 어떤 범위 이상이 되면 마모는 급격하게 증가하며 공구 경사면과 칩 사이의 고온, 고압에 의해 발생한다.
- **플랭크 마모(flank wear)**: 공구의 여유면과 절삭면의 마찰로 발생하는 공구불량이다.

28

정답 ④

총형 커터 절삭법은 총형 공구를 이용한 방법으로 제작하고자 하는 기어의 치형 사이의 공간과 동일한 형상을 한 총형 밀링 커터로 절삭하는 방법이며, 나머지는 창성법에 해당한다.

[기어 제작법의 종류]

구분	설명
형판 모방 가공	• 셰이퍼 등의 테이블에 기어 윤곽 형상으로 만든 형판과 기어 소재를 설치하고 모방 가공 • 가공 정도는 낮지만, 다른 방법으로는 가공이 어려운 경우에 주로 적용

구분		설명
총형 커터 이용		• 총형 커터를 이용해 1피치씩 회전시키며 차례로 절삭 • 총형 바이트 또는 총형 밀링 공구 이용
창성 기어 절삭	호브	• 회전하는 호브를 이용한 기어 창성 가공 • 비교적 정도가 높은 기어를 능률적으로 생산 가능 • 단치차나 내치차 가공 불가
	래크형 커터	• 수개의 이를 가진 래크형의 커터를 이용한 기어 창성 가공 • 비교적 정밀한 기어를 가공할 수 있으나 생산성 낮음 • 헬리컬 기어 가공은 용이하나 내치차 가공은 불가
	피니언형 커터	• 피니언형 커터를 이용한 기어 창성 가공 • 기어 셰이퍼를 사용해 능률적인 가공 가능 • 주로 자동차 공업 등 대량 생산이 필요한 분야에 적용 • 단치차, 내치차, 헬리컬 기어 등 가공 가능

29

정답 ①

[유압 댐퍼]
오리피스로 액체를 유출할 때 유체의 저항을 이용하여 진동을 감쇠시키거나 충격을 완화하는 완충 장치

30

정답 ②

• 리벳의 전단응력과 압축응력 공식에서 $\frac{\pi d^2 \tau}{4} = dt\sigma_c$

$\rightarrow\ d = \frac{4t\sigma_c}{\pi\tau} = \frac{4\times 25\times 20}{3.14\times 4} \fallingdotseq 159\text{mm}$

• 리벳의 전단응력과 인장응력 공식에서 $n\frac{\pi d^2 \tau}{4} = (p-d)t\sigma_t$, 전단면수 $n=2$이므로

$\rightarrow\ p = d + \frac{n\pi d^2 \tau}{4t\sigma_t} = 159 + \frac{2\times 3.14\times 159^2\times 4}{4\times 25\times 10} \fallingdotseq 794\text{mm}$

31

정답 ③

[사용 목적에 따른 리벳의 분류]
• 보일러용 리벳: 강도와 기밀을 모두 필요로 하는 경우[보일러, 고압 탱크 등]
• 저압용 리벳(용기용 리벳): 주로 기밀 또는 수밀을 필요로 하는 경우[저압 탱크, 굴뚝]
• 구조용 리벳: 주로 강도만을 필요로 하는 경우[차량, 교량, 건축물 등]

32

정답 ②, ③

- 축의 회전 속도가 임계속도(critical speed)를 넘어서면 축은 처짐과 비틀림에 의해 갑자기 공진(resonance)을 일으켜 파괴되는 경우가 발생하게 된다. 따라서 축 설계 시 축의 회전 속도는 임계속도 이하가 되게 해야 한다.
- 축 설계 시, 강성을 먼저 고려하고 강도를 고려하여 설계한다.

33

정답 ①

- **롤포밍**: 두 개나 그 이상으로 나란히 연속된 롤러에 의해 연속적으로 금속판재를 넣어 원하는 형상으로 성형하는 가공법으로 순차적으로 생산하므로 제품의 외관이 좋으며 대량생산이 가능하다.
- **로터리스웨이징**: 금형을 회전시키면서 봉이나 포신과 같은 튜브 제품을 성형하는 회전단조의 일종인 가공방법이다.
- **플랜징**: 금속판재의 모서리를 굽히는 가공법으로 2단 펀치를 사용하여 판재에 작은 구멍을 낸 후 구멍을 넓히면서 모서리를 굽혀 마무리를 짓는 가공법이다.
- **게링법**: 프레스 베드에 놓인 성형 다이 위에 블랭크를 놓고 위틀에 채워져 있는 고무 탄성에 의해 블랭크를 아래로 밀어 눌러 다이의 모양으로 성형하는 가공법이다. 즉, 일감을 다이 위에 놓고 고무펀치로 압입하는 가공법이다.

참고

[인베스트먼트주조]

제품과 동일한 형상의 모형을 왁스(양초)나 파라핀(합성수지)으로 만든 후 그 주변의 슬러리상태의 내화재료로 도포한 다음 가열하면 주형은 경화되면서 왁스로 만들어진 내부모형이 용융되어 밖으로 빼내어짐으로써 주형이 완성되는 주조법으로 다른 말로는 로스트 왁스법 또는 치수정밀도가 좋아서 정밀주조법으로 불린다.

34

정답 모두 정답

[헬리컬 기어의 비틀림각을 크게 했을 때의 현상]

- 추력이 증가된다.
- 물림률이 증대된다.
- 축 방향의 물림 잇수가 증가된다.
- 작은 기어의 잇수를 감소시킬 수 있다.

35

정답 ②

드릴 프레스의 크기는 통상 작업대에서 설치할 수 있는 공작물의 최대 직경으로 표시된다.

36

정답 ④

V벨트 전동 장치는 수십 cm 이내에서도 효과적으로 사용이 가능하다.

37

정답 ②

$$T=\frac{l}{nf}=\frac{\text{가공할 길이[mm]}}{\text{회전수[rev/min]}\times\text{이송속도[mm}\cdot\text{rev]}}$$
$$=\frac{100}{200\times2}=0.25\text{min}$$
$$=0.25\times60=15\text{초}$$

38

정답 ②

절삭면에 마찰이 증가하면 절삭열이 크게 발생하여 일감 표면과 대기와의 산소 사이의 반응이 쉽게 일어날 것이다. 따라서 마찰을 줄이기 위해 절삭공구의 재료는 **마찰계수가 작은 것**을 선택해야 하며, 윤활유를 사용하거나 절삭조건을 조절하여 마찰을 감소시켜야 한다.

39

정답 ①

[버니싱(burnishing)]
- 원통의 내면 다듬질 방법으로 안지름보다 약간 큰 지름의 강구를 강제로 통과시켜 면을 매끈하게 다듬질하는 방법이다.
- 구멍의 정밀도를 향상시킬 수 있다.
- 압축 응력에 의한 피로 강도 상승효과를 얻을 수 있다.

40

정답 ④

고상용접 중에서 롤 용접, 열간 압접, 마찰 용접, 폭발 용접, 초음파 용접 등은 공기 중에서 작업하거나, **냉간 압접 및 확산 용접은 표면이 더러워지는 것을 방지하기 위하여 적당한 내산화막을 만들거나 진공 중에서 작업한다.**

[고상용접]
2개의 깨끗하고 매끈한 금속면을 원자와 원자의 인력이 작용할 수 있는 거리에 접근시키고 기계적으로 밀착시키는 작업이다.
- **롤 용접**: 압연기 롤러의 압력에 의한 접합
- **냉간 압접**: 외부에서 기계적인 힘을 가하여 접합
- **열간 압접**: 접합부를 가열하고 압력 또는 충격을 가하여 접합
- **마찰 용접**: 접촉면의 기계적 마찰로 가열된 것에 압력을 가하여 접합
- **폭발 용접**: 폭발의 충격파에 의한 접합
- **초음파 용접**: 접합면을 가압하고 고주파 진동에너지를 가하여 접합
- **확산 용접**: 접합면에 압력을 가하여 밀착시키고 온도를 올려 확산시켜 하는 접합

3회 실전 모의고사

1문제당 2.5점 / 점수 [ ]점

→ 정답 및 해설: p.122

01 원형 단면축을 비틀 때 가장 비틀기 어려운 경우는? [단, G: 재료의 가로탄성계수]

① 지름이 작고, G의 값이 작을수록
② 지름이 크고, G의 값이 클수록
③ 지름이 크고, G의 값이 작을수록
④ 지름이 작고, G의 값이 클수록

02 다음 브라인의 구비조건으로 <u>틀린</u> 것은?

① 에틸렌글리콜, 프로필렌글리콜같이 부식성이 없는 브라인을 사용해야 한다.
② 열용량, 질량, 비열, 온도차가 커야 한다.
③ 응고점이 높아야 한다.
④ 점성이 작아야 하고 가격이 경제적이며 구입이 용이해야 한다.

03 다음 눈무딤에 대한 현상으로 옳은 것은?

① 연삭숫돌 내부의 예리한 입자를 표면으로 나오게 하는 작업을 말한다.
② 연삭숫돌 형상을 바르게 수정하는 작업을 말한다.
③ 숫돌 표면의 기공이 칩이나 다른 재료로 메워진 상태를 말한다.
④ 입자가 탈락하지 않아 마멸에 의해 납작해지는 현상을 말한다.

04 다음 중 점도와 관계가 <u>없는</u> 무차원수는?

① 레이놀즈수
② 프란틀수
③ 그라쇼프수
④ 오일러수

05 다음 유체 조정기기 기호로 옳은 것은?

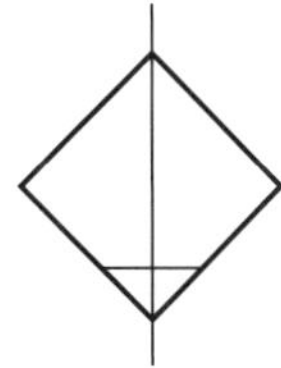
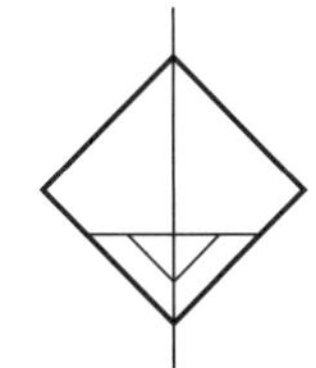

① 드레인 배출기　　② 기름분무 분리기
③ 필터　　④ 드레인 배출기 붙이 필터

06 다음 그림과 같은 액주계에서 $\gamma = 2{,}250\text{kgf/m}^3$이고, A점에서 받는 압력이 $4{,}500\text{kgf/m}^2$일 때, 높이 $h[\text{m}]$는 얼마인가?

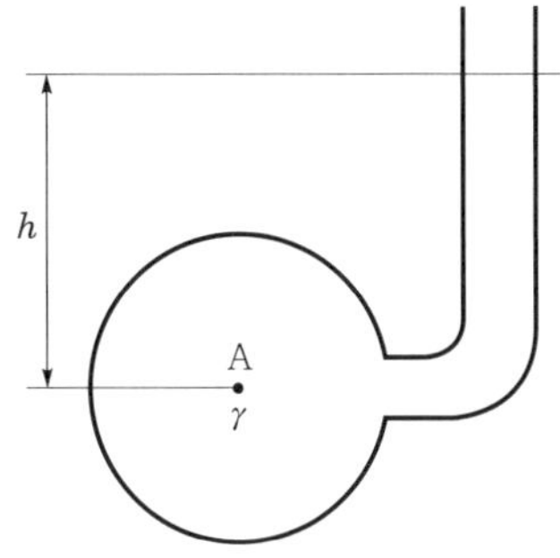

① 1.0m　　② 1.5m　　③ 2.0m　　④ 2.5m

07 다음 그림과 같이 직경이 각 20cm, $x$cm인 피스톤이 설치되어 있다. 이때, 직경이 작은 피스톤 A를 54cm 아래로 움직였을 때 큰 피스톤 B의 상승높이가 6cm이면 큰 피스톤의 직경[cm]은 얼마인가?

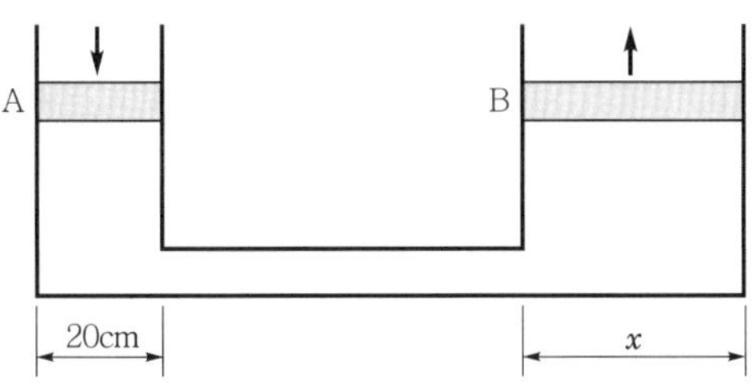

① 55　　② 60　　③ 65　　④ 70

08 단면적이 100cm^2인 직육면체의 물체를 물에 띄웠더니 그림과 같이 담가졌다면 물체의 무게[kgf]는 얼마인가? [단, 물의 비중량은 $1{,}500\text{kgf/m}^3$이며, $H = 2\text{cm}$이다.]

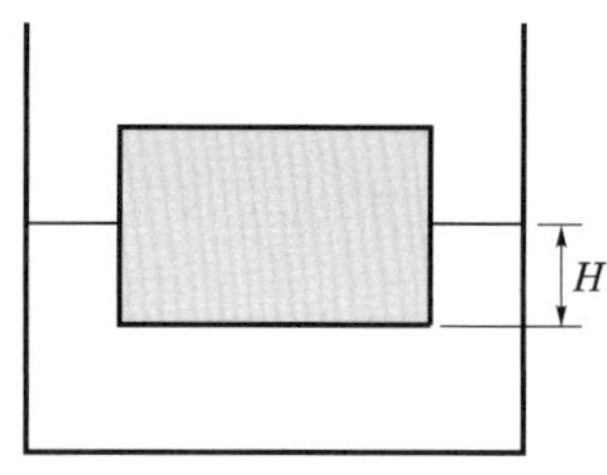

① 0.3kgf ② 0.03kgf ③ 30kgf ④ 3kgf

09 실린더 내에 초기체적 2m^3, 초기압력 4MPa인 이상기체의 체적이 2배 증가되었다. 이때, 기체의 온도가 일정하게 유지된다면 이 기체가 한 일은 몇 [kJ]인가? [단, $\ln 2 = 0.69$]

① 4,520 ② 5,520 ③ 6,520 ④ 7,520

10 압축공기척에 대한 설명으로 옳지 <u>못한</u> 것은?

① 압축공기를 이용하여 조를 자동으로 작동시켜 일감을 고정하는 척이다.
② 고정력은 공기의 압력으로 조정할 수 있다.
③ 기계운전을 정지하지 않고 일감의 고정하거나 분리를 자동화할 수 있다.
④ 압축공기 대신에 유압을 사용하는 유압척(oil chuck)도 있다.

11 100°C의 얼음 3.73kg이 100°C의 물로 바뀔 때 엔트로피의 변화량 J/K는?
[단, 물의 융해열 $L_f = 3 \times 10^5\text{J/kg}$으로 계산]

① 1,000J/K ② 2,000J/K
③ 3,000J/K ④ 4,000J/K

12 길이가 L, 지름이 d인 원형봉 아래에 무게 W인 물체가 매달려 있다. 이때, 원형봉에 작용하는 응력은 어떻게 되는가? [단, 원형봉의 자중을 고려]

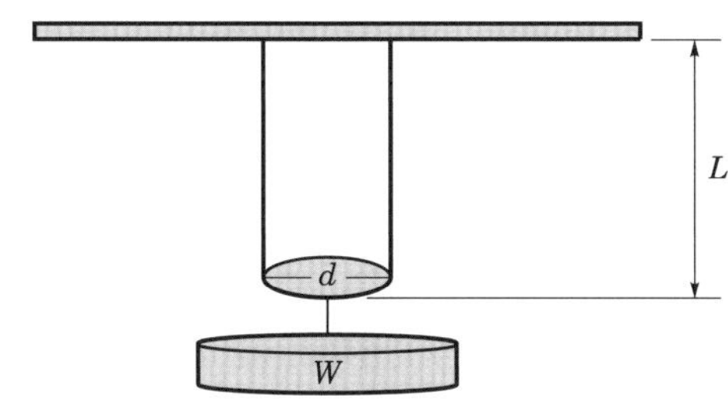

① $\sigma = \frac{4W}{\pi d^2}$

② $\sigma = \frac{4W}{\pi d^2} + \frac{\gamma L}{3}$

③ $\sigma = \frac{4W}{\pi d^2} - \gamma L$

④ $\sigma = \frac{4W}{\pi d^2} + \gamma L$

13 랭킨사이클과 비교한 재생사이클의 특징으로 옳지 않은 것은?

① 랭킨사이클보다 열효율이 크다.
② 보일러의 공급열량이 작다.
③ 터빈출구온도를 더 높일 수 있다.
④ 응축기의 방열량이 작다.

14 다음 중 연삭가공과 관련된 설명으로 옳지 않은 것은?

① 연삭입자는 불규칙한 현상을 하고 있다.
② 연삭입자는 평균적으로 음의 경사각을 가진다.
③ 연삭기의 연삭숫돌을 교체한 후, 시운전은 최소 3분 이상 실시해야 한다.
④ 연삭가공은 모든 입자가 연삭에 참여하지 않는다. 입자들은 각각 3가지 종류의 작용을 하게 되는데, 그 종류는 "절삭, 마찰, 긁음"이다.

15 유압장치의 단점이 아닌 것은?

① 오염물질에 민감하다.
② 배관이 까다롭다.
③ 과부하 방지가 어렵다.
④ 에너지 손실이 크다.

3회 실전 모의고사

16 다음 설명 중 옳지 않은 것은?

① 유체입자가 곡선을 따라 움직일 때, 그 곡선이 갖는 접선과 유체입자가 갖는 속도벡터의 방향을 일치하도록 해석할 때 그 곡선을 유선이라고 말한다.
② 유적선은 주어진 시간 동안 유체입자가 지나간 흔적을 말한다. 유체입자는 항상 유선의 접선방향으로 운동하기 때문에 정상류에서 유적선은 유선과 일치한다.
③ 비압축성, 비점성, 정상류로 유동하는 이상유체가 임의의 어떤 점에서 보유하는 에너지의 총합은 위치마다 다르다.
④ 베르누이 방정식은 에너지보존법칙과 관련이 있다.

17 아래에서 설명하는 법칙은 무엇인가?

- 힘과 가속도와 질량과의 관계를 나타낸 법칙이다.
- $F = m\left(\frac{dV}{dt}\right)$
- 검사 체적에 대한 운동량 방정식의 근원이 되는 법칙이다.

① 뉴턴의 제0법칙　② 뉴턴의 제1법칙
③ 뉴턴의 제2법칙　④ 뉴턴의 제3법칙

18 푸아송비와 관련된 설명으로 옳지 않은 것은?

① 푸아송비는 가로변형률과 세로변형률의 비이다.
② 고무는 체적 변화가 거의 없는 재료로 푸아송비가 0.5이다.
③ 일반적인 금속의 푸아송비는 0.25~0.35이다.
④ 코르크의 푸아송비는 음수이다.

19 부력에 대한 설명으로 옳지 않은 것은?

① 부력은 물체가 밀어낸 부피만큼의 액체 무게로 정의된다.
② 어떤 물체가 유체 안에 잠겨있다면 물체가 잠긴 부피만큼의 유체의 무게가 부력과 같다.
③ 부력은 수직상방향의 힘이다.
④ 부력은 파스칼의 원리와 관련이 있다.

20 탄소강에서 탄소함유량이 많아지면 어떠한 현상이 발생하는가?

① 경도 증가, 연성 증가 ② 경도 증가, 연성 감소
③ 경도 감소, 연성 감소 ④ 경도 감소, 연성 증가

21 벤츄리미터, 유동노즐, 오리피스에 대한 설명으로 옳지 않은 것은?

① 벤츄리미터, 유동노즐, 오리피스는 차압식 유량계이다.
② 벤츄리미터는 가장 정확한 유량을 측정할 수 있다.
③ 오리피스는 벤츄리미터와 원리가 비슷하나 압력손실은 벤츄리미터가 더 크다.
④ 유동노즐은 오리피스에 비해 고가이며 고온, 고압, 고속 유체에도 측정이 가능하다.

22 길이 L의 가늘고 긴 일정한 단면적을 가진 봉이 아래 그림처럼 핀 지지로 되어 있다. 봉을 수평으로 하여 정지시킨 후, 이를 놓으면 중력에 의해 자유롭게 회전할 수 있다. 봉이 수직위치로 되는 순간의 봉의 각 가속도는? [단, 모든 마찰은 무시하며 중력가속도는 g]

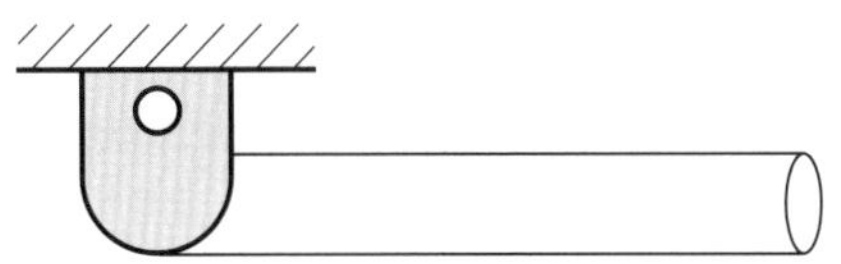

① $\alpha = \dfrac{g}{L}$ ② $\alpha = \dfrac{g}{2L}$ ③ $\alpha = \dfrac{2g}{3L}$ ④ $\alpha = \dfrac{3g}{2L}$

23 아래에 길이가 4m, 반경이 25mm인 원형 봉이 있다. 끝단에서 90kN·m의 토크를 전달하고 있을 때, 축의 비틀림각[rad]은? [단, 철에 대해 $G = 80\text{GPa}$, $\pi = 3$]

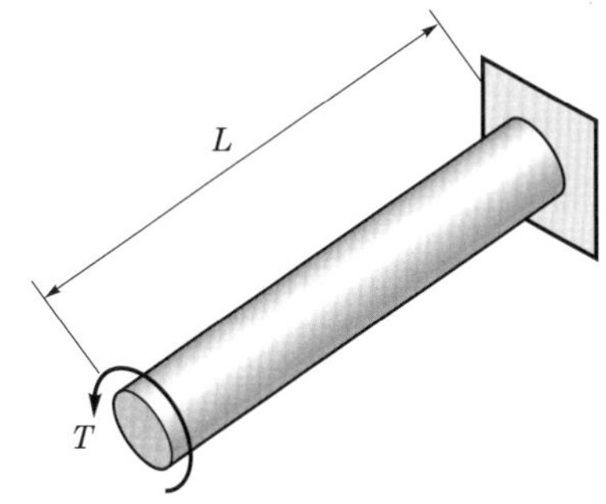

① 3.84 ② 7.68 ③ 123 ④ 15.36

24 길이 L의 외팔보에 아래와 같이 등분포하중 $\omega[\mathrm{N/m}]$가 작용하고 있다. 이때 외팔보의 끝단에서 처짐량과 처짐각은 각각 얼마인가?

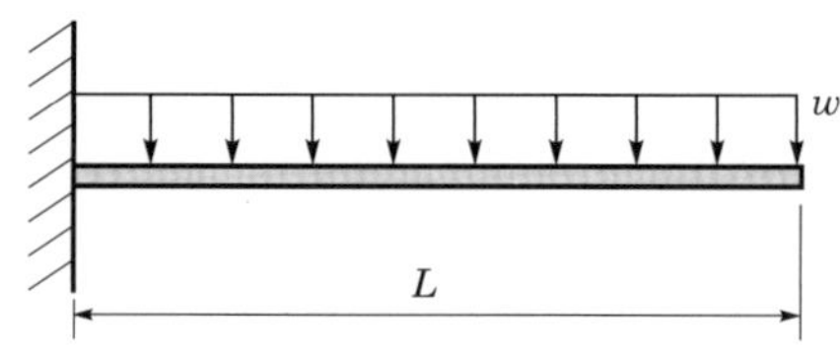

① $\dfrac{wL^4}{3EI}, \dfrac{wL^3}{6EI}$
② $\dfrac{wL^3}{8EI}, \dfrac{wL^4}{6EI}$
③ $\dfrac{wL^4}{2EI}, \dfrac{wL^3}{3EI}$
④ $\dfrac{wL^4}{8EI}, \dfrac{wL^3}{6EI}$

25 그림과 같은 보에 분포하중과 집중하중이 동시에 작용하고 있다. 전단력이 0이 되는 위치 x_m을 구하면 몇 m인가?

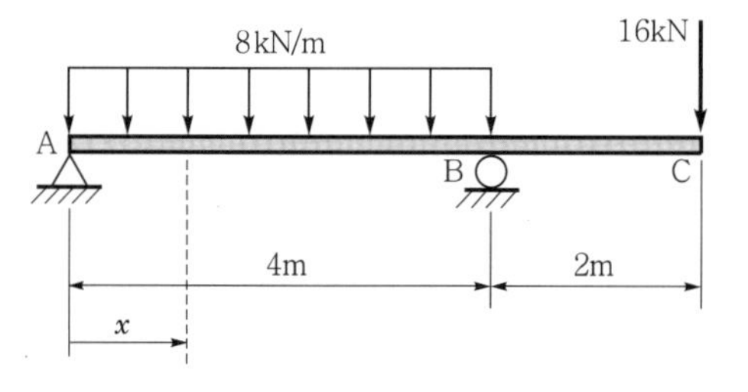

① 0.5m　② 1m　③ 1.5m　④ 2m

26 다음 그림에 대한 설명 중 <u>틀린</u> 것은?

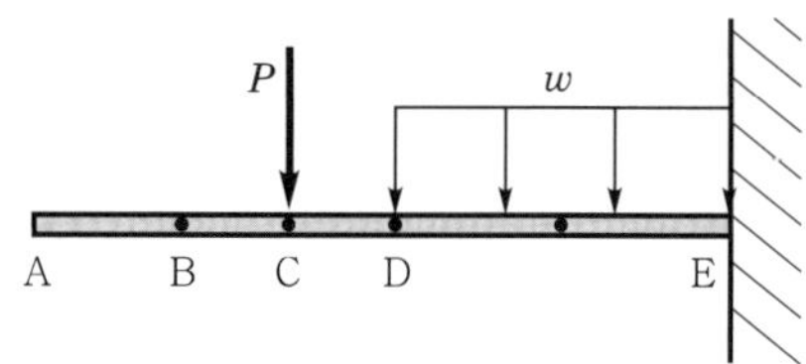

① A, B, C점 기울기는 전부 같다.
② E점의 경사각은 0이다.
③ 구간 CD에서의 전단력은 선형으로 변화한다.
④ CD 구간에 작용하는 모멘트는 선형으로 변화한다.

27 0.3MPa, 77°C인 공기 3kg에 정압하에서 열이 가해져서 온도가 380K로 상승하였다. 이때 가해진 열량과 이후 가해진 열량을 정적과정하에서 방출시킬 때 공기의 최종온도[K]는 얼마인가? [단, 공기의 정압비열 및 정적비열은 각각 $C_p = 1\text{kJ/kg}\cdot\text{K}$, $C_v = 0.6\text{kJ/kg}\cdot\text{K}$]

① 60kJ, 330K
② 70kJ, 320K
③ 80kJ, 320K
④ 90kJ, 330K

28 단면의 성질에 관한 설명 중 틀린 것은?

① 단면의 도심을 통과하는 축에 대한 단면 1차 모멘트는 0이다.
② 단면 상승 모멘트의 단위는 cm^4, m^4이다.
③ 도심을 지나는 두 직교축에 대한 단면 2차 모멘트의 합은 방향에 따라 다르다.
④ 직경 D인 원형 단면의 단면계수는 $\frac{\pi D^3}{32}$이다.

29 디젤엔진과 비교한 가솔린 엔진의 특성으로 옳은 것은?

① 일산화탄소의 배출이 적다.
② 질소산화물이 많이 발생한다.
③ 소음과 진동이 적고, 연료비가 비싸다.
④ 압축비의 범위는 보통 12~22이다.

30 길이 L의 외팔보의 중앙에 집중하중 P가 작용하는 경우의 최대 처짐을 A라고 한다. 그리고 길이 L의 단순보의 중앙에 집중하중 P가 작용하는 경우의 최대 처짐을 B라고 한다. 이때, A/B는 얼마인가? [단, 모든 조건은 동일]

① 16
② 5
③ $\frac{1}{5}$
④ $\frac{1}{16}$

31 중공축에 $P = 1{,}000\text{N}$의 하중이 작용하고 있다. 이때 축방향의 압축변형률의 값은? [단, $E = 200\text{GPa}$, 중공축의 바깥지름 $d_2 = 20\text{cm}$, 안지름 $d_1 = 10\text{cm}$, 길이 $L = 100\text{cm}$]

① $\frac{6.65}{\pi}\times 10^{7}$
② $\frac{5.65}{\pi}\times 10^{-7}$
③ $\frac{6.65}{\pi}\times 10^{-7}$
④ $\frac{5.65}{\pi}\times 10^{7}$

32 다음 진리선생님이 동일한 자를 각각 (A)와 (B)처럼 들고 있다. 이때, 진리선생님은 (B)처럼 자를 들었을 때, 자의 처짐량이 작다고 설명했다. 그 이유는?

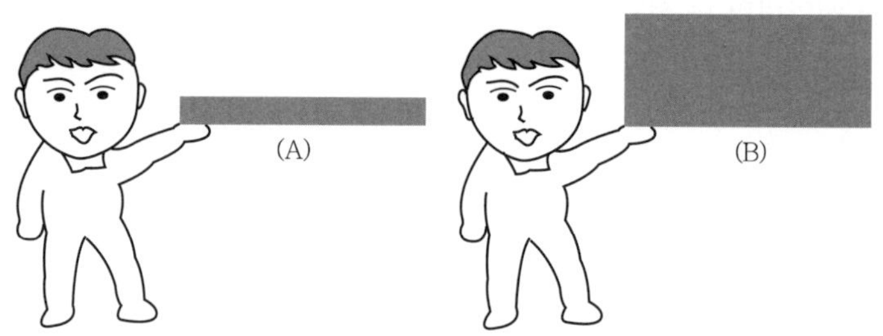

① (B)의 경우, 단면계수가 크다. 즉, 굽힘응력이 작다. 따라서 보가 강하므로 처짐량이 작다.
② (B)의 경우, 단면계수가 작다. 즉, 굽힘응력이 크다. 따라서 보가 강하므로 처짐량이 작다.
③ (B)의 경우, 단면계수가 크다. 즉, 굽힘응력이 크다. 따라서 보가 강하므로 처짐량이 작다.
④ (B)의 경우, 단면계수가 작다. 즉, 굽힘응력이 작다. 따라서 보가 강하므로 처짐량이 작다.

33 평판의 임계레이놀즈수, 개수로의 임계레이놀즈수, 상임계 레이놀즈수, 하임계 레이놀즈수를 각각 A, B, C, D라고 한다. 그렇다면 A+B+C+D는 대략 얼마인가?

① 505,600　② 506,600　③ 507,100　④ 508,600

34 단면의 폭 8mm, 높이 12mm의 직사각형 외팔보의 길이가 2m이다. 자유단에 200N의 집중하중을 받을 때 이 보에 생기는 최대굽힘응력[MPa]은 얼마인가?

① 2.0833MPa　② 20.833MPa　③ 208.33MPa　④ 2083.3MPa

35 초기압력 및 온도가 $P_1,\ T_1$이고, 폴리트로픽 지수가 n, 최종온도가 T_2일 때, 최종압력 P_2의 값을 구하는 식으로 적절한 것은?
[단, 공기는 이상기체로 가정하며 과정은 폴리트로픽 과정]

① $P_1\left(\dfrac{T_1}{T_2}\right)^{\frac{n}{n-1}}$　② $P_1\left(\dfrac{T_2}{T_1}\right)^{\frac{n-1}{n}}$　③ $P_1\left(\dfrac{T_2}{T_1}\right)^{\frac{n}{n-1}}$　④ $P_1\left(\dfrac{T_1}{T_2}\right)^{\frac{n-1}{n}}$

36 유리관에 물이 채워져 있을 때, 이론적 상승높이 $h[m]$는?
[단, 물의 비중량 $\gamma = 20{,}000\mathrm{N/m^3}$, 표면장력 $\sigma = 0.15\mathrm{N/m}$, 반지름 $R = 2\mathrm{mm}$, 유리면의 접촉각 $\theta = 60°$]

① 0.0075　　② 0.00375　　③ 0.015　　④ 0.03

37 반지름이 40cm이고, 세장비가 120인 기둥의 길이는?

① 12m　　② 24m　　③ 36m　　④ 48m

38 체적이 $0.2\mathrm{m^3}$으로 일정한 용기 안에 압력 5MPa, 온도 500K의 이상기체가 냉각되어 압력이 1MPa가 되었다, 이때, 엔트로피의 변화[kJ/K]를 구하면?
[단, $R = 0.5\mathrm{kJ/kg \cdot K}$, $Cv = 0.8\mathrm{kJ/kg \cdot K}$, $\ln 5 = 1.6$]

① −5.12　　② −1.28　　③ 5.12　　④ 1.28

39 회전하는 원이 있다. 지름을 4배로 증가시키고 각속도를 2배로 증가시키면 선속도는 어떻게 되는가?

① 4배 증가　　② 2배 증가　　③ 8배 증가　　④ 16배 증가

40 개수로의 소유량 측정에 사용되며 비교적 정확한 유량을 측정할 수 있는 위어는?

① 예봉위어　　② 광봉위어
③ 사각위어　　④ V놋치위어

3회 실전 모의고사

3 회 실전 모의고사 정답 및 해설

01	②	02	③	03	④	04	④	05	①	06	③	07	②	08	①	09	②	10	정답 없음
11	③	12	④	13	③	14	정답 없음	15	③	16	③	17	③	18	④	19	④	20	②
21	③	22	④	23	②	24	④	25	②	26	③	27	④	28	③	29	③	30	②
31	③	32	①	33	②	34	④	35	③	36	②	37	②	38	①	39	③	40	④

01

정답 ②

비틀림각 $\theta = \dfrac{Tl}{GI_P}[\text{rad}] = \dfrac{180}{\pi} \times \dfrac{Tl}{GI_P}[°]$이며 여기서, GI_P는 비틀림의 강성도로, 분모의 값인 G와 d가 클수록 축이 잘 비틀어지지 않는다. 식 그대로 해석해보면, G와 d값이 커지면 θ(비틀림각)이 작아지므로 비틀리는 정도가 작아지게 된다.

<u>따라서, 지름과 G의 값이 클수록 원형 단면축을 비틀리기 어려워진다.</u>

단, G: 횡탄성계수$[\text{N/m}^2 = \text{Pa}]$, I_p: 극단면2차 모멘트 $= \dfrac{\pi d^4}{32}[\text{m}^4]$(중실원일 경우)

l: 축의 전 길이$[\text{m}]$

02

정답 ③

[브라인(brine)]

냉동시스템 외부를 순환하며 간접적으로 열을 운반하는 매개체이며 2차 냉매 또는 간접 냉매라고도 한다. 구체적으로 상변화 없이 현열인 상태로 열을 운반하는 냉매이다. 그리고 브라인을 사용하는 냉동장치는 간접 팽창식, 브라인식이라고 한다.

[브라인의 구비조건(제일 자주 출제되는 부분!!)]

- 부식성이 없어야 한다. → 주로 에틸렌글리콜, 프로필렌글리콜이 대표적으로 부식성이 없어 많이 사용된다.
- 열용량이 커야 한다. → 열용량이 클수록 온도가 쉽게 변하기 때문이다. 즉, 이 말은 열을 더 많이 품고 더 많은 열을 운반할 수 있다는 뜻이다. 브라인의 열용량이 크면 증발기에서 더 많은 열을 쉽게 뺏어 올 수 있기 때문에 냉동기의 효율이 좋다.
- 비열이 크고, 점도가 작으며 열전도율이 커야 한다.
- 응고점이 낮아야 한다.
- 점성이 작아야 한다. → 점성이 커지면 냉매는 무거워진다. 이는 냉매가 순환 시 많은 동력이 필요하게 된다. 따라서 순환펌프의 소요동력을 고려했을 때, 점성을 작게 하여 소요동력을 낮추는 것이 냉동기의 효율을 높여준다.
- 가격이 경제적이며 구입이 용이해야 한다.
- 불활성이며 냉장품 소손이 없어야 한다.

03

정답 ④

연삭숫돌의 수정에 대한 내용은 자주 출제된다. 이에 대한 내용은 꼭 숙지하여 툭치면 툭 나오는 형태로 알아두자.

[연삭숫돌의 수정]

- 드레싱(dressing): 연삭숫돌 내부의 예리한 입자를 표면으로 나오게 하는 작업

  연삭숫돌의 로딩(눈메움)이나 글레이징(무딤)이 발생하였을 때 숫돌의 표면을 '드레서'로 숫돌날 생성시키는 작업으로 다이아몬드 드레서가 제일 많이 사용된다.

- 트루잉(truing, 모양고치기): 나사, 기어를 연삭하기 위하여 숫돌을 '나사, 기어' 형태로 만드는 작업

  트루잉을 통해 숫돌 표면을 일정한 두께만큼 제거하여 연삭 숫돌 외형 형상을 바르게 수정하는 작업이다(숫돌을 원하는 모양으로 깎는 작업).

- 글레이징(Glazing, 눈무딤): 연삭숫돌의 결합도가 지나치게 커져 자생작용이 발생되지 않아 연삭숫돌의 입자 탈락이 어려워 마모에 의해 납작해지는 현상을 말한다.

원인	결과
결합도↑	연삭 성능↓
숫돌의 원주속도 ↑	마찰에 의한 발열 ↑
공작물과 숫돌재질 맞지 않음	과열로 인한 변색 생성

→[PART Ⅲ 부록. Q&A 질의응답(p.162)]에서 글레이징 현상에 대한 추가적인 설명을 확인할 수 있다.

- 로딩(Loading, 눈메움)

  구리와 같은 연한 금속을 연삭하였을 때 숫돌입자의 표면 또는 기공에 칩이 낀다. 이때, 연삭성이 낮아지면, 연삭숫돌의 기공부분이 너무 작거나, 연질금속을 연삭할 때 숫돌 표면의 기공이 칩이나 다른 재료로 메워진 상태를 말한다.

원인	결과
입도 번호 & 연삭깊이 ↑	연삭성 불량, 다듬면 거칠
숫돌의 원주속도 ↓ = 부적절한 숫돌	다듬면에 상처 생성
조직 치밀, 연삭액 부족 드레싱 불량 경우	숫돌입자 마모↑

→[PART Ⅲ 부록. Q&A 질의응답(p.161)]에서 로딩 현상에 대한 추가적인 설명을 확인할 수 있다.

04

정답 ④

요즘 트랜드는 무차원수, 확실한 암기가 필요하다. 특히, 에너지 관련 공기업에서는 무조건 한 문제는 나오는 형태이므로 꼭 숙지하자!

[레이놀즈수(Re)]

- 층류와 난류를 구분하는 척도가 되는 값
- 종류
  - 하임계레이놀즈수: 임계레이놀즈수의 기준, 난류에서 층류로 바뀌는 임계값($Re = 2{,}100$)
  - 상임계레이놀즈수: 층류에서 난류로 바뀌는 임계값($Re = 4{,}000$)
- 물리적인 의미: $\dfrac{\text{관성력}}{\text{점성력}}$, 관성력과 점성력의 비

  → 유체 유동 시, Re가 작은 경우 점성력이 크게 영향을 미친다.
- 레이놀즈수의 계산식 $Re = \dfrac{Vd}{\nu} = \dfrac{\rho Vd}{\mu}$

  여기서, ρ: 밀도($\mathrm{Ns^2/m^4}$), d: 관의 직경(m) ν: 동점성계수($\mathrm{m^2/s}$), 즉 $\nu = \dfrac{\mu}{\rho}$

  만약, 평판일 경우에는 $Re = \dfrac{Vl}{\nu}$, l = 평판의 길이

[프란틀수(Pr)(암기: 운동하면서 열나면 프란틀)]

- 흐름과 열 이동관계를 정하는 무차원수
- 강제 대류의 열전달 등에 쓰인다.
- 프란틀수 계산식

  $\dfrac{\text{소산}}{\text{전도}} = \dfrac{\text{운동량 전달계수}}{\text{열전달 계수}} = \dfrac{C_P\mu}{\lambda} = \dfrac{\text{정압비열} \times \text{점성계수}}{\text{열전달계수}}$
- (in 액체) "온도"와 함께 변한다. (in 기체) 일정한 값을 유지한다.

  → 대류 열전달이라든가, 고속기류에서 점성이 문제가 되는 경우에 중요한 의미를 가진다.

[그라쇼프수(Gr)]

- 자연대류에 의한 열전달 현상을 기술하는 데 나오는 무차원수

  → "자연대류의 유동"을 결정 (층류인지 난류인지를 결정)
- 온도차에 의한 부력이 속도 및 온도분포에 미치는 영향을 나타낸다.
- 그라쇼프수 계산식: $\dfrac{\text{부력}}{\text{점성력}}$

[오일러수(E_u)]

- 오리피스를 통과하는 유동, 공동현상 판단, 유체에 의해 생성되는 항력과 양력효과를 나타낸 무차원수
- 오일러수 계산식: $\dfrac{\text{압축력}}{\text{관성력}} = \dfrac{p}{\rho V^2}$

05

정답 ①

유체 조정기기 기호를 물어보는 문제가 최근에 등장했다. 이번 기회에 눈으로 꼭 익혀두자.

명칭	기호	비고
필터	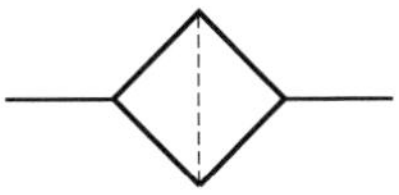	(1) 일반 기호
	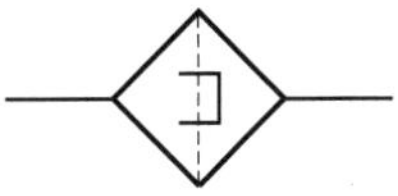	(2) 자석 붙이
	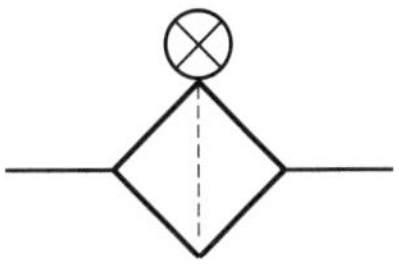	(3) 눈막힘 표시기 붙이
드레인 배출기		(1) 수동 배출
		(2) 자동 배출
드레인 배출기 붙이 필터	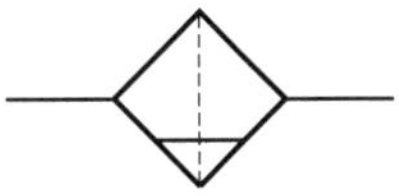	(1) 수동 배출
	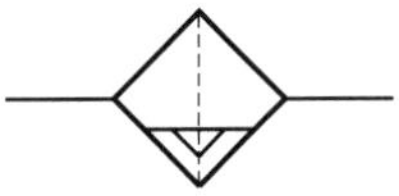	(2) 자동 배출
기름 분무 분리기	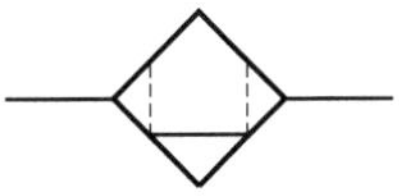	(1) 수동 배출
	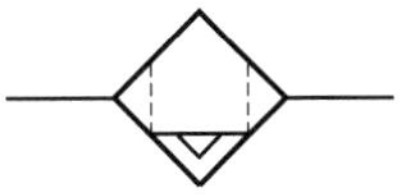	(2) 자동 배출

06

정답 ③

[정지유체 내에서의 압력변화]

$dP = \gamma dy(\downarrow)$: 압력은 아래로 내려갈수록 증가한다(+).

$= -\gamma dy(\uparrow)$: 압력은 위로 올라갈수록 감소한다(−).

이를 적분하면 $P = \gamma h$가 성립한다.

문제에서 $P = 4{,}500\text{kgf/m}^2$이고, $\gamma = 2{,}250\text{kgf/m}^3$

$\rightarrow P = \gamma h \rightarrow 4{,}500 = 2{,}250 \times h \quad \therefore h = 2.0\text{m}$

07

정답 ②

피스톤 A와 B는 동일한 압력을 받고 있다. 따라서, 피스톤 A가 54cm 움직여 바뀐 부피는 피스톤 B가 6cm 상승하면서 바뀐 부피 값은 서로 같다.

$\rightarrow V_A = V_B$ 식을 두고 값을 대입해서 문제를 풀어본다.

직경이 20cm인 피스톤이 54cm 아래로 움직였다면 A쪽에 있던 기체의 부피만큼 B쪽으로 이동했다는 말이다. 그 부피를 구하면, $V_A = A \times h = \dfrac{\pi \times 20^2}{4} \times 54 = 5{,}400\pi$이다.

또한, $V_B = \dfrac{\pi \times x^2}{4} \times 6 = \dfrac{3}{2} \times \pi \times x^2$이다. 따라서 $V_A = V_B$이므로, $5{,}400 \times \dfrac{2}{3} = 3{,}600 = x^2$가 된다. 즉, $x = 60\text{cm}$

08

정답 ①

- 부력: 잠겨있거나 떠있는 물체에 작용하는 수직상방향의 힘

  $\rightarrow F_B = \gamma V$로 표현할 수 있다.

- 아르키메데스의 부력의 원리

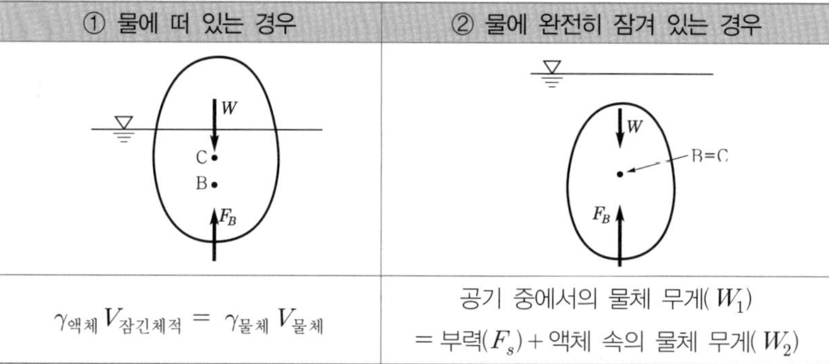

① 물에 떠 있는 경우	② 물에 완전히 잠겨 있는 경우
$\gamma_{액체} V_{잠긴체적} = \gamma_{물체} V_{물체}$	공기 중에서의 물체 무게(W_1) = 부력(F_s) + 액체 속의 물체 무게(W_2)

물에 떠 있는 경우, 물체의 무게는 $W_{물체} = \gamma_{물체} \cdot V_{물체} = \gamma_{액체} \cdot V_{잠긴체적}$이다.

$\rightarrow W_{물체} = \gamma_{액체} \cdot V_{잠긴체적} = 1{,}500\text{kgf/m}^3 \times 2 \times 10^{-4}\text{m}^3 = 0.3\text{kgf}$

[단, 물체의 잠긴 체적($V_{잠긴체적}$) $= 100 \times 2 \times 10^{-6} = 2 \times 10^{-4}\text{m}^3$]

09

정답 ②

피스톤-실린더의 경우 밀폐계이기 때문에 절대일(Pdv)을 묻는 문제이다.
절대일(Pdv)을 놓고 식을 순서대로 정리해보면, 절대일($_1\omega_2$)은 아래와 같다.

$$\int_1^2 Pdv = mRT\int_1^2 \frac{1}{v}dv\,[\because Pv = mRT] = P_1V_1\int_1^2 \frac{1}{v}dv = P_1V_1\ln\frac{v_2}{v_1}$$

$\rightarrow\ _1\omega_2 = P_1v_1\ln\frac{v_2}{v_1} = 4{,}000\times 2\times\ln 2 = 5{,}520\text{kJ}$이 된다.

여기서, 압력 MPa을 kPa로 단위 변환은 실수하기 좋은 부분이기 때문에 역학문제를 풀 땐 항상 단위에 주의한다.

10

정답 정답 없음

[척의 종류]

- **단동척**(independent chuck): 4개의 조가 단독으로 작동 불규칙한 모양의 일감고정
- **연동척**(universal chuck): 스크롤척(scroll chuck)이라고도 하며, 3개의 조가 동시에 작동, 원형, 정삼각형의 공작물을 고정하는 데 편리하다.
  - 고정력은 단동척보다 약하며 조(Jaw)가 마멸되면 척의 정밀도가 떨어진다.
  - 단면이 불규칙한 공작물은 고정이 곤란하며 편심을 가공할 수 없다.
- **양용척**(combination chuck, **복동척**): 단동척과 연동척의 두 가지 작용을 할 수 있는 것
  - 조(Jaw)를 개별적으로 조절할 수 있다.
  - 전체를 동시에 움직일 수 있는 렌지장치가 있다.
- **마그네틱척**(magnetic chuck): 원판 안에 전자석 설치 얇은 일감을 변형시키지 않고 고정(비자성체의 일감고정 불가). 마그네틱척을 사용하면 일감에 잔류 자기가 남아 탈자기로 탈자시켜야 한다.
- **콜릿척**(collet chuck): 가는 지름의 봉재 고정하는 데 사용하며 터릿선반이나 자동선반에서 지름이 작은 공작물이나 각봉을 대량으로 가공할 때 사용한다. 주축의 테이퍼 구멍에 슬리브를 꽂고 여기에 척을 끼워 사용
- **압축공기척**(compressed air operated chuck): 압축 공기를 이용하여 조를 자동으로 작동시켜 일감을 고정하는 척
  - 고정력은 공기의 압력으로 조정할 수 있다.
  - 압축공기 대신에 유압을 사용하는 유압척(oil chuck)도 있다.
  - 기계운전을 정지하지 않고 일감의 고정하거나 분리를 자동화할 수 있다.

11

정답 ③

[엔트로피]

무질서한 정도를 나타내며, 단위는 kJ/K이다.

- 가역일 때 엔트로피는 불변이며, 비가역일 때는 항상 증가한다.
- $S = \dfrac{dQ}{T}$로 표현이 가능하다.

우선, 열량을 먼저 구한다. 100°C 얼음이 100°C 물로 바뀌는 과정은 온도변화가 없이 상태가 변화는 현상으로 잠열에 의거한다. 여기서 잠열은 얼음이 물로 녹는 과정에서의 열을 말하므로 융해열이다. 문제에서 융해열은 단위 질량당 3×10^5J이므로, 3.73kg의 얼음을 녹이기 위해서는 $3.73\times3\times10^5 = 1{,}119{,}000$J의 열량이 필요하다. 또한, 100°C를 절대온도로 고치면, 373K이다.

$\therefore$ 엔트로피 $S = \dfrac{1{,}119{,}000\text{J}}{373\text{K}} = 3{,}000\text{J/K}$

12

정답 ④

[자중에 의한 응력]

균일단면봉의 경우: $\sigma = \gamma L,\ \ \lambda = \dfrac{\gamma L^2}{2E}$

원추형봉의 경우: $\sigma = \dfrac{\gamma L}{3},\ \ \lambda = \dfrac{\gamma L^2}{6E}$

자중에 의한 응력의 값과 변형량의 값을 꼭 암기해야 한다.

원형봉(균일단면봉) 자중에 의한 응력 + 무게 W인 물체에 의한 응력 [두 가지를 고려]

$\gamma L\ +\ \dfrac{4W}{\pi d^2}$

즉, 원형봉에 작용하는 전체 응력은 $\sigma = \dfrac{4W}{\pi d^2} + \gamma L$

13

정답 ③

③은 재열사이클에 대한 설명이다.

- **재열사이클**: 보일러에서 나온 과열증기가 터빈에서 일을 하고 나오면 일한만큼 온도와 압력은 강하된다. 이때 온도가 강하되면 터빈 출구온도가 감소하여 터빈 출구에서 습분이 발생할 가능성이 커지고, 이 습분이 터빈 블레이드를 손상시켜 효율을 저하시킬 수 있다. 따라서 1차 팽창일을 하고 나온 압력과 온도가 강하된 증기를 다시 재열기에 넣어 온도를 높여 2차로 터빈을 통과시켜 2차 팽창일을 얻는 것이 바로 재열사이클이다. 따라서 재열사이클은 터빈일이 커져 효율이 증가하게 되는 것이다. 즉, **재열사이클의 가장 큰 목적은 터빈출구건도를 증가시키는** 것이다. 또한, 터빈출구온도를 더 높일 수 있다.
- **재생사이클**: 재생사이클은 터빈으로 들어가는 과열증기의 일부를 추기(뽑다)하여 보일러로 들어가는 급수를 미리 예열해준다. 따라서 급수는 미리 달궈진 상태이기 때문에 보일러에서 공급하는 열량을 줄일 수 있다. 또한 기존 터빈에 들어간 과열증기가 가진 열에너지를 100이라고 가정을

하면, 일을 하고 나온 증기는 일한 만큼 열에너지가 줄어들어 50 정도가 있을 것이다. 이때 50의 열에너지는 응축기에서 버려지고, 이 버려지는 열량을 미리 일부를 추기하여 급수를 예열하는 데 사용했으므로, 응축기에서 버려지는 방열량은 자연스레 감소하게 된다. 그리고 $\eta = \frac{W}{Q_B}$ 효율식에서 보일러의 공급열량(Q_B)이 줄어들어 효율은 상승하게 된다.

14

정답 정답 없음

[연삭가공의 특징]

- 연삭입자는 불규칙한 형상을 하고 있으며 평균적으로 음의 경사각을 가진다.
- 연삭속도는 절삭속도보다 빠르며 절삭가공보다 치수효과에 의해 단위체적당 가공에너지가 크다.
- 단단한 금속재료도 가공이 가능하며 치수정밀도가 높고 우수한 다듬질면을 얻는다.
- 연삭점의 온도가 높고 많은 양을 절삭하지 못한다.
- 모든 입자가 연삭에 참여하지 않는다. 각각의 입자는 아래 3가지 종류의 작용을 하게 된다.
  - 절삭: 칩을 형성하고 제거한다.
  - 긁음: 재료가 제거되지 않고 표면만 변형시킨다. 즉, 에너지가 소모된다.
  - 마찰: 일감표면에 접촉해 오직 미끄럼마찰만 발생시킨다. 즉, 재료가 제거되지 않고 에너지가 소모된다.

참고

연삭비는 "연삭에 의해 제거된 소재의 체적/숫돌의 마모 체적"이다.

[산업안전보건기준]

- 지름이 50mm 이상인 연삭숫돌이 근로자에게 위험을 미칠 우려가 있는 경우에는 그 부위에 덮개를 설치해야 한다.
- 작업을 시작하기 전에는 1분 이상 시운전을 해야 한다.
- 연삭숫돌을 교체한 후에는 3분 이상 시운전을 해야 한다.

15

정답 ③

[유압장치의 특징]

- 입력에 대한 출력의 응답이 빠르다.
- 소형장치로 큰 출력을 얻을 수 있다.
- 자동제어 및 원격제어가 가능하다.
- 제어가 쉽고 조작이 간단하며 유량 조절을 통해 무단변속이 가능하다.
- 에너지의 축적이 가능하며, 먼지나 이물질에 의한 고장의 우려가 있다.
- 과부하에 대해 안전장치로 만드는 것이 용이하다.
- 비압축성이어야 정확한 동력을 전달할 수 있다.
- 오염물질에 민감하며 배관이 까다롭다.
- 에너지의 손실이 크다.

[유압장치의 구성]
- 유압발생부(유압을 발생시키는 곳): 오일탱크, 유압펌프, 구동용전동기, 압력계, 여과기
- 유압제어부(유압을 제어하는 곳): 압력제어밸브, 유량제어밸브, 방향제어밸브
- 유압구동부(유압을 기계적인 일로 바꾸는 곳): 엑추에이터(유압실린더, 유압모터)

[유압기기의 4대 요소]
유압탱크, 유압펌프, 유압밸브, 유압작동기(액추에이터)

[부속기기]
축압기(어큐뮬레이터), 스트레이너, 오일탱크, 온도계, 압력계, 배관, 냉각기 등

16

정답 ③

- 유선: 유체입자가 곡선을 따라 움직일 때, 그 곡선이 갖는 접선과 유체입자가 갖는 속도 벡터의 방향을 일치하도록 해석할 때 그 곡선을 유선이라고 말한다.
- 유적선: 주어진 시간 동안 유체입자가 지나간 흔적을 말한다. 유체입자는 항상 유선의 접선방향으로 운동하기 때문에 정상류에서 유적선은 유선과 일치한다.
- 비압축성, 비점성, 정상류로 유동하는 이상유체가 임의의 어떤 점에서 보유하는 에너지의 총합은 베르누이 정리에 의해 위치에 상관없이 동일하다.
- 베르누이 방정식은 에너지보존법칙과 관련이 있다.

[베르누이 가정]
- 정상류, 비압축성, 유선을 따라 입자가 흘러야 한다, 비점성(유체입자는 마찰이 없다라는 의미)
- $\frac{\rho}{\gamma}+\frac{V^2}{2g}+Z=C$, 즉 압력수두 + 속도수두 + 위치수두 = Constant
- 압력수두 + 속도수두 + 위치수두 = 에너지선, 압력수두+위치수두 = 수력구배선

17

정답 ③

- 뉴턴의 제1법칙: 관성의 법칙
- 뉴턴의 제2법칙: 가속도의 법칙
  힘과 가속도와 질량과의 관계를 나타낸 법칙으로, 검사 체적에 대한 운동량 방정식의 근원이 되는 법칙이다.
  $F=m\left(\frac{dV}{dt}\right)$
- 뉴턴의 제3법칙: 작용반작용의 법칙

18

정답 ④

- 일반적인 금속의 푸아송비는 0.25~0.35이다(예 철강은 0.28, 납은 0.43).
- 코르크의 푸아송비는 0이다. 푸아송수는 푸아송비의 역수이기 때문에 코르크의 푸아송수는 무한대가 된다. 참고로 고무의 푸아송비는 0.5이므로 체적 변화가 거의 없는 재료이다.

$$\nu(\text{푸아송비}) = \frac{\varepsilon'}{\varepsilon} = \frac{\text{가로변형률}}{\text{세로변형률}} = \frac{\text{횡변형률}}{\text{종변형률}} = \frac{\frac{\delta}{d}}{\frac{\lambda}{L}} = \frac{L\delta}{d\lambda}$$

※ 고무는 푸아송비가 0.5, $\Delta V = \varepsilon(1-2\mu)V$에 대입하면 $\Delta V = 0$이므로 체적 변화가 없다.

19

정답 ④

부력은 아르키메데스의 원리이다.

[부력]

물체가 밀어낸 부피만큼의 액체 무게라고 정의된다.

- 어떤 물체에 가해지는 부력은 그 물체가 대체한 유체의 무게와 같다.
- 어떤 물체가 유체 안에 있으면, 물체가 잠긴 부피만큼의 유체의 무게가 부력과 같다.
- 부력은 중력과 반대방향으로 작용(수직상향의 힘)하며, 한 물체를 각기 다른 액체 속에 일부만 잠기게 넣으면 결국 부력은 물체의 무게[mg]와 동일하게 작용하여 물체가 액체 속에서 일부만 잠긴 채 뜨게 된다. 따라서 부력의 크기는 모두 동일하다(부력 = mg).
- 부력은 결국 대체된 유체의 무게와 같다.
- 부력이 생기는 이유는 유체의 압력차 때문에 생긴다. 유체에 의한 압력은 $P = rh$에 따라 깊이가 깊어질수록 커지게 된다. 즉, 한 물체가 물속에 있다면 상대적으로 깊은 부분과 얕은 부분(윗면과 아랫면)이 생긴다. 따라서 더 깊이 있는 부분이 더 큰 압력을 받아 위로 향하는 힘, 즉 부력이 생기게 된다.

20

정답 ②

[탄소함유량이 많아질수록 나타나는 현상]

- 강도, 경도, 전기저항, 비열 증가
- 용융점, 비중, 열팽창계수, 열전도율, 충격값, 연신율, 연성 감소

※ 탄소가 많아지면 주철에 가까워지므로 취성이 생기게 된다. 즉, 취성과 반대 의미인 인성이 저하된다는 것을 뜻하므로 충격값도 저하된다.

※ 인성: 충격에 대한 저항 성질

※ 충격값과 인성도 비슷한 의미를 가지고 있다. 즉, 같게 봐도 무방하다.

21

정답 ③

오리피스는 벤츄리미터와 원리가 비슷하지만, 예리하기 때문에 하류유체 중에 Free-flowing jet을 형성한다. 이 jet으로 인해 벤츄리미터보다 오리피스의 압력강하가 더 크다.

★ 압력손실 크기 순서: 오리피스 > 유동노즐 > 벤츄리미터

중요

- 유속측정: 피토관, 피토정압관, 레이저도플러유속계, 시차액주계 등
- 유량측정: 벤츄리미터, 유동노즐, 오리피스, 로타미터, 위어 등

※ 압력강하를 이용하는 것은 벤츄리미터, 노즐, 오리피스

중요

- 로타미터: 유량을 측정하는 기구로 부자 또는 부표라고 하는 부품에 의해 유량을 측정한다.
- 마이크로마노미터: 두 원관 속을 기체가 미소한 압력차로 흐르고 있을 때, 이 압력차를 측정한다.
- 레이저도플러유속계: 유동하는 흐름에 작은 알갱이를 띄워 유속을 측정한다.
- 피토튜브: 국부유속을 측정할 수 있다.

참고

- 벤츄리미터: 압력강하를 이용하여 유량을 측정하는 기구로 가장 정확한 유량을 측정
  - 상류 원뿔: 유속이 증가하면서 압력 감소, 압력 강하를 이용하여 유량을 측정
  - 하류 원뿔: 유속이 감소하면서 원래 압력의 90%를 회복
- 피에조미터: 정압을 측정하는 기구이다.
- 오리피스: 오리피스는 벤츄리미터와 원리가 비슷하다. 다만, 예리하기 때문에 하류유체 중에 free-flowing jet을 형성하게 된다.

22

정답 ④

$$\sum M = J_0\theta \rightarrow mg \times \frac{L}{2} = \frac{mL^2}{3} \times \theta'' \rightarrow \theta'' = \alpha = \text{각가속도} = \frac{3g}{2L}$$

[단, $J_0 = J_G + ml^2 = \frac{mL^2}{12} + m\left(\frac{L}{2}\right)^2 = \frac{4mL^2}{12} = \frac{mL^2}{3}$]

★ 평행축정리: $J_0 = J_G + ml^2$

[단, J_0: 0점의 질량관성모멘트 J_G: 도심 축에 대한 질량관성모멘트 l: 평행이동한 거리]

[도심축에 대한 질량관성모멘트_ 꼭 암기!]

막대	원판	구
$J_G = \frac{ml^2}{12}$	$J_G = \frac{mr^2}{2}$	$J_G = \frac{2mr^2}{5}$

23

정답 ②

$$\theta = \frac{TL}{GIp} = \frac{32TL}{G\pi d^4} = \frac{32 \times 90 \times 1{,}000 \times 4}{80 \times 10^9 \times 3 \times 0.05^4} = 7.68$$

①, ②, ③을 선택하신 분들이 있을 것으로 생각된다. 실제 시험에서도 지름, 반지름으로 낚는 문제가 많으니 꼼꼼하게 읽어 지름, 반지름을 실수하지 말자!

24

정답 ④

- 길이 L의 외팔보에 등분포하중 ω가 작용할 때, 외팔보 끝단의 처짐각: $\frac{wL^3}{6EI}$
- 길이 L의 외팔보에 등분포하중 ω가 작용할 때, 외팔보 끝단의 처짐량: $\frac{wL^4}{8EI}$

★ 재료역학 공식 모음집을 참고하여 모두 암기해주세요!

25

정답 ②

먼저 하나의 기준점을 잡는다. 그리고 기준점에서 좌우의 모멘트 크기는 같고 방향은 다르므로 B점의 모멘트의 합은 0으로 된다. 즉, B 기준점에서의 모멘트 평형방정식을 세운다.

B점에서 모멘트 평형방정식을 통해 반력 R_A를 구한다.

$\sum M_B = 0 \rightarrow 32 \times 2 - 16 \times 2 - 4R_A = 0 \rightarrow \therefore R_A = 8\text{kN}$

다음 전단력이 0인 위치를 구해준다. 즉, $F_x = 0$인 식을 이용해 x_m을 구해준다.

$F_x = R_A - 8 \times x_m = 0 \rightarrow 8 - 8 \times x_m = 0 \rightarrow x_m = 1\text{m}$

$\therefore x_m = 1\text{m}$

26

정답 ③

① A, B, C점에서는 SFD는 0이므로 기울기는 동일하다.
② E점은 고정단이므로 경사각은 0이다.
③ 구간 CD에서 전단력 선도는 P로 일정하므로 변화하지 않는다.
④ CD 구간에서 굽힘 모멘트 선도는 1차 직선형이므로 선형으로 변화한다.

27

정답 ④

이런 문제들은 기본 식을 토대로 문제에 주어진 순서대로 풀어보는 게 편하다.

- 0.3MPa, 3kg의 정압상태

  초기온도(T_1) = 77°C(= 350K), 나중온도(T_2) = 380K

  $dQ = dh - vdp = dh\,(\because dp = 0) = mC_p dT = 3 \times 1 \times (380 - 350) \quad \therefore 90\text{kJ}$

3회 실전 모의고사

• $dQ=90\text{kJ}$, 초기온도(T_2) = 380K, 나중온도$(T_3)=x$K 정적상태
$dQ=du+Pdv=du(\because dv=0)=mC_v dT=3\times0.6\times(T_3-380)$이다.
여기서 $dQ=Q_2-Q_1$을 뜻하는데 열을 방출한다고 하면 $Q_1>Q_2$라는 말이므로 $dQ=-90\text{kJ}$이다. 위 식을 다시 정리하면, $-90=3\times0.6\times(T_3-380)$이 된다.
결국, $T_3=\dfrac{-90}{3\times0.6}+380 \rightarrow \therefore T_3=330\text{K}$

28

정답 ③

도심을 지나는 두 직교축에 대한 단면 2차 모멘트의 합은 방향에 관계없이 일정하다.

29

정답 ③

디젤엔진과 가솔린엔진의 특징은 2019년 하반기 서울주택도시공사에서도 출제되었던 개념이다. 디젤기관과 가솔린기관 특징 비교는 자주 출제되므로 꼭 암기하자!

디젤 엔진 (압축 착화)	가솔린 엔진 (전기불꽃점화)
인화점이 높다.	인화점이 낮다.
점화장치, 기화장치 등이 없어 고장이 적다.	점화장치가 필요하다.
연료소비율과 연료소비량이 낮으며 연료가격이 싸다.	연료소비율이 디젤보다 크다.
일산화탄소 배출이 적다.	일산화탄소 배출이 높다.
질소산화물이 많이 생긴다.	질소산화물 배출이 적다.
사용할 수 있는 연료의 범위가 넓다.	고출력 엔진제작이 불가능하다
압축비 12~22	압축비 5~9
열효율 33~38%	열효율 26~28%
압축비가 높아 열효율이 좋다.	회전수에 대한 변동이 크다.
연료의 취급이 용이하고 화재의 위험이 적다.	소음과 진동이 적다.
저속에서 큰 회전력이 생기며 회전력의 변화가 적다.	연료비가 비싸다

[디젤엔진의 연료 분무형성의 3대 조건]
무화, 분포, 관통력

30

정답 ②

• 길이 L의 외팔보의 중앙에 집중하중 P가 작용하는 경우의 최대 처짐: $\dfrac{5PL^3}{48EI}$

• 길이 L의 단순보의 중앙에 집중하중 P가 작용하는 경우의 최대 처짐: $\dfrac{PL^3}{48EI}$

31

정답 ③

훅의 법칙(Hook's law)을 이용해서 푸는 문제는 공기업의 최다 빈출이다.
길이 L에 속아 넘어가서 문제를 풀어가는 시간을 지연시키지 말고 한 번에 "훅" 풀자!

[훅의 법칙(Hook's law)]
탄성한도 내에서 응력과 변형률은 비례한다는 법칙

$\sigma = E \times \varepsilon$, $\sigma = \frac{P}{A} = [\text{N/m}^2]$, E =종탄성계수 = 세로탄성계수 = 영계수$[\text{N/m}^2]$

단, $\varepsilon = \frac{\lambda}{l}$, λ: 종(길이 방향)의 변형량

따라서, 훅의 법칙을 활용하자.

$$\text{압축응력}(\sigma) = \frac{P}{A} = \frac{1{,}000}{\frac{\pi}{4}[(20\times 10^{-2})^2 - (10\times 10^{-2})^2]} = \frac{1{,}000}{\frac{300\pi}{4}\times 10^{-4}} ≒ \frac{13.3}{\pi}\times 10^4[\text{N/m}^2]$$

✓ 이때, 중공축의 바깥지름 $d_2 = 20\text{cm}$, 안지름 $d_1 = 10\text{cm}$를 m로 단위 바꾸는 것 유의!

$$\rightarrow \text{압축변형률 } \varepsilon = \frac{\sigma}{E} = \frac{\frac{13.3}{\pi}\times 10^4}{200\times 10^9} ≒ \frac{6.65}{\pi}\times 10^{-7}$$

32

정답 ①

단면계수의 공식을 제대로 알고 있는지, 그리고 단면계수와 굽힘응력의 관계에 따라 처짐 정도의 상태가 어떻게 되는지 파악할 수 있는 문제이다. 진리선생님과 함께 이 문제를 풀어보자.

(A)와 (B)의 단면계수 값을 먼저 파악하자.

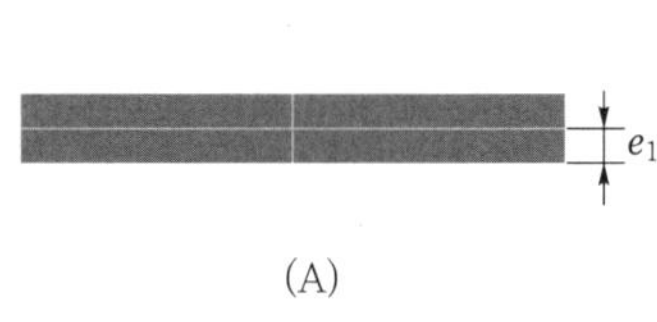

(A)

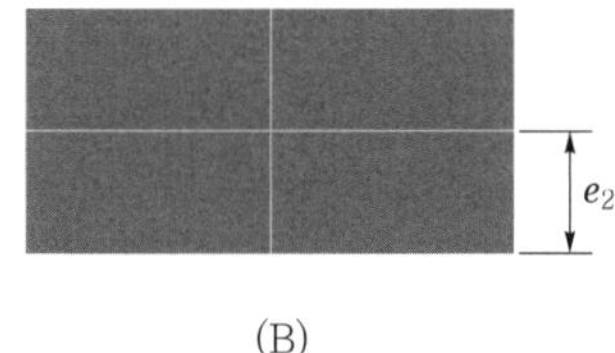

(B)

$$Z_A = \frac{\text{단면2차 모멘트}(I)}{\text{최외각거리}(e_1)} = \frac{\frac{b\times h_A^3}{12}}{\frac{h_A}{2}} = \frac{bh_A^2}{6}$$

$$Z_B = \frac{\text{단면2차 모멘트}(I)}{\text{최외각거리}(e_2)} = \frac{\frac{b\times h_B^3}{12}}{\frac{h_B}{2}} = \frac{bh_B^2}{6}$$

3회 실전 모의고사

이때, 최외각거리$(e)=\dfrac{h}{2}$이다. 그림에서 보듯이 (B)의 경우의 높이(h_B)가 더 크므로 $Z_A < Z_B$이다. 즉, (B) 상태의 단면계수 값이 더 크다.

✓ 단면계수는 굽힘을 해석하는 데 매우 중요한 값이다. $M=\sigma_b Z$의 식을 통해 단면계수 Z가 커질수록 굽힘응력 σ_b의 값이 작아지는 것을 알 수 있다. 즉, **단면계수가 클수록 경제적인 단면이며 강한 보이다.** 그러므로 (B)의 경우가 처짐량이 작다.

33

정답 ②

A: 500,000 B: 500
C: 4,000 D: 2,100

- 평판의 임계레이놀즈: 500,000(50만)
- 개수로 임계레이놀즈: 500
- 상임계레이놀즈수(층류에서 난류로 변할 때): 4,000
- 하임계레이놀즈수(난류에서 층류로 변할 때): 2,000~2,100
- 층류는 $Re < 2{,}000$, 천이구간은 $2{,}000 < Re < 4{,}000$, 난류는 $Re > 4{,}000$

※ 일반적으로 임계레이놀즈라고 하면, **하임계레이놀즈수**를 말한다.

34

정답 ④

$$\sigma_{\max}=\frac{M_{\max}}{Z}=\frac{PL}{\frac{bh^2}{6}}=\frac{6PL}{bh^2}=\frac{6\times 200\times 2{,}000}{8\times 12^2}=2083.3\text{MPa}$$

35

정답 ③

폴리트로픽 변화는 내연기관 같이 실제로 가스가 변화하는 경우는 정압, 정적, 단열, 등온변화로는 설명이 곤란하므로, 실제 가스에 적용할 수 있는 이 상태 변화 모두를 포함하는 변화이다.

폴리트로픽 변화로 해석하면, $\dfrac{T_2}{T_1}=\left(\dfrac{v_1}{v_1}\right)^{n-1}=\left(\dfrac{P_2}{P_1}\right)^{\frac{n-1}{n}}$ 이 성립한다.

결국, $\dfrac{T_2}{T_1}=\left(\dfrac{P_2}{P_1}\right)^{\frac{n-1}{n}} \rightarrow \left(\dfrac{T_2}{T_1}\right)^{\frac{n}{n-1}}=\dfrac{P_2}{P_1}$

$$\therefore P_2=P_1\left(\frac{T_2}{T_1}\right)^{\frac{n}{n-1}}$$

36

정답 ②

[표면장력 및 모세관현상]

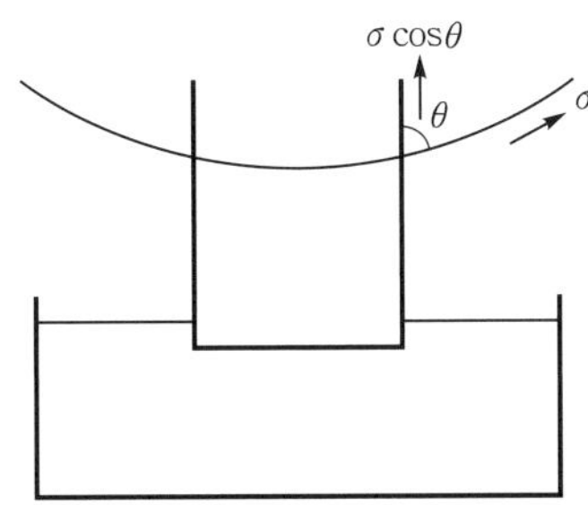

그림에서 물이 유리관에 붙어있을 때의 부착력은 유리관과 θ각을 이루면서 표면장력이 작용한다. 그러므로 부착력은 수직방향의 표면장력에 기인하므로 이를 구하면 그림과 같이 $\sigma\cos\theta$ 가 된다. 이때 작용하는 힘은 물방울에서의 표면장력과 같이 $\frac{\Delta pd}{4}$가 성립한다.

즉, 부착력 $\sigma\cos\theta = \frac{\Delta pd}{4} = \frac{\gamma hd}{4}$이고, 이를 정리하면 $h = \frac{4\sigma\cos\theta}{\gamma d}$가 된다.

문제에 주어진 수치를 이 식에 대입하게 되면, $h = \frac{4\times0.15\times\cos60}{20{,}000\times4\times10^{-3}} = 0.00375\text{m}$

※ 반지름과 지름을 항상 조심하라!

- 모세관현상: 가는 관을 액체 속에 세우면 액체가 관을 따라 상승하거나 하강하는 현상

37

정답 ②

- 세장비: 기둥이 얼마나 가는지를 알려주는 척도
- 세장비: $\frac{L}{K}$(단, I: 단면2차모멘트, K: 회전반경), $\left(K = \sqrt{\frac{I}{A}}\right)$

$$120 = \frac{L}{K} = \frac{L}{\sqrt{\frac{I}{A}}} = \frac{L}{\sqrt{\frac{\frac{\pi d^4}{64}}{\frac{\pi d^2}{4}}}} = \frac{L}{\sqrt{\frac{d^2}{16}}} = \frac{L}{\frac{d}{4}} = \frac{4L}{d} = \frac{4L}{80}$$

즉, $4L = 9{,}600$이므로 $L = 2{,}400\text{cm} = 24\text{m}$

38

정답 ①

$PV=mRT \rightarrow m=\frac{P_1V}{RT_1}=\frac{5000\times0.2}{0.5\times500}=4\text{kg}$

정적과정이므로, $T_2=\frac{P_2}{P_1}T_1=\frac{1,000}{5,000}\times500=100\text{K}$

$\Delta S=mC_v\ln\left(\frac{T_2}{T_1}\right)=4\times0.8\times\ln\frac{100}{500}=4\times0.8\times\ln\frac{1}{5}=4\times0.8\times(-1.6)=-5.12$

→ 실제 시험에서 구하고자 하는 단위를 보고 질량[kg]을 곱해야 하는지 꼭 확인해야 한다.

39

정답 ③

$V_1=rw=\frac{D}{2}w$에서 지름을 4배로 증가시키고, 각속도를 2배로 증가시키면

$V_2=\frac{4D}{2}2w=4Dw$가 된다. 즉, 선속도는 8배가 증가하게 된다.

40

정답 ④

- 삼각위어: 개수로의 소유량 측정에 사용되며 비교적 정확한 유량을 측정
- 사각위어: 개수로의 중유량 측정
- 예연(예봉위어) 및 광봉위어: 개수로의 대유량 측정

Memo

Truth of Machine

PART III

부 록

01	꼭 알아야 할 필수 내용	142
02	Q&A 질의응답	158
03	3역학 공식 모음집	174

01 꼭 알아야 할 필수 내용

1 기계 위험점 6가지

① 절단점
회전하는 운동부 자체, 운동하는 기계 부분 자체의 위험점(날, 커터)

② 물림점
회전하는 2개의 회전체에 물려 들어가는 위험점(롤러기기)

③ 협착점
왕복 운동 부분과 고정 부분 사이에 형성되는 위험점(프레스, 창문)

④ 끼임점
고정 부분과 회전하는 부분 사이에 형성되는 위험점(연삭기)

⑤ 접선 물림점
회전하는 부분의 접선 방향으로 물려 들어가는 위험점(밸트—풀리)

⑥ 회전 말림점
회전하는 물체에 머리카락이나 작업복 등이 말려 들어가는 위험점

기호

• 밸브 기호

기호	명칭	기호	명칭
	일반밸브		게이트밸브
	체크밸브		체크밸브
	볼밸브		글로브밸브
	안전밸브		앵글밸브
	팽창밸브		일반 콕

• 배관 이음 기호

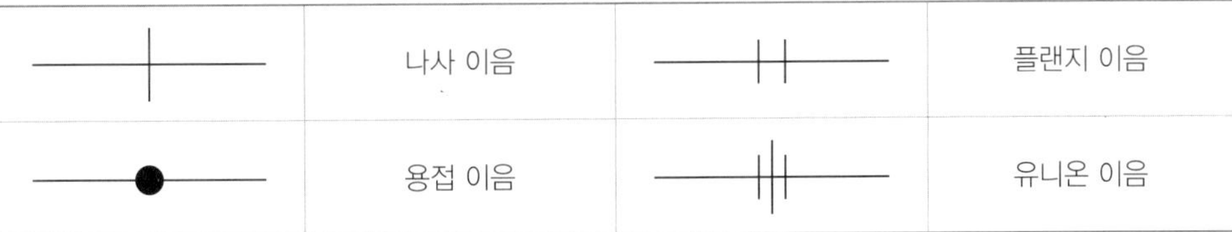

기호	명칭	기호	명칭
	나사 이음		플랜지 이음
	용접 이음		유니온 이음

3 신축 이음

관 속 유체의 온도 변화에 따라 배관이 열팽창 또는 수축하는데, 이를 흡수하기 위해 신축 이음을 설치한다. 따라서 직선 길이가 긴 배관에서는 배관의 도중에 일정 길이마다 신축 이음쇠를 설치한다.

❖ 신축 이음의 종류

① 슬리브형(미끄러짐형): 단식과 복식이 있고 물, 증기, 가스, 기름, 공기 등의 배관에 사용한다. 이음쇠 본체와 슬리브 파이프로 구성되어 있으며, 관의 팽창 및 수축은 본체 속을 미끄러지는 이음쇠 파이프에 의해 흡수된다. 특징으로는 신축량이 크고, 신축으로 인한 응력이 발생하지 않는다. 직선 이음으로 설치 공간이 작다. 배관에 곡선 부분이 있으면 신축 이음재에 비틀림이 생겨 파손의 원인이 된다. 장시간 사용 시 패킹재의 마모로 누수의 원인이 된다.

② 벨로우즈형(팩레스 이음): 벨로우즈의 변형으로 신축을 흡수한다. 설치 공간이 작고 자체 응력 및 누설이 없다는 특징이 있다. 보통 벨로우즈의 재질은 부식이 되지 않는 황동이나 스테인리스강을 사용한다. 고온 배관에는 부적당하다.

③ 루프형(신축 곡관형): 고온, 고압의 옥외 배관에 사용하는 신축 곡관으로 강관 또는 동관을 루프 모양으로 구부려 배관의 신축을 흡수한다. 즉, 관 자체의 가요성을 이용한 것이다. 설치 공간이 크고, 고온 고압의 옥외 배관에 많이 사용한다. 자체 응력이 발생하지만, 누설이 없다. 곡률 반경은 관경의 6배이다.

④ 스위블형: 증기, 온수 난방에 주로 사용하는 스위블형은 2개 이상의 엘보를 사용하여 이음부 나사의 회전을 이용해 신축을 흡수한다. 쉽게 설치할 수 있고, 굴곡부에 압력이 강하게 생긴다. 신축성이 큰 배관에는 누설 염려가 있다.

⑤ 볼조인트형: 증기, 물, 기름 등의 배관에서 사용되는 볼조인트형은 볼조인트 신축 이음쇠와 오프셋 배관을 이용해서 관의 신축을 흡수한다. 2차원 평면상의 변위와 3차원 입체적인 변위까지 흡수하고, 어떤 형태의 변위에도 배관이 안전하고 설치 공간이 작다.

⑥ 플랙시블 튜브형: 가요관이라고 하며, 배관에서 진동 및 신축을 흡수한다. 구체적으로 플렉시블 튜브는 인청동 및 스테인리스강의 가늘고 긴 벨로즈의 바깥을 탄성력이 풍부한 철망, 구리망 등으로 피복하여 보강한 것으로, 배관 중 편심이 심하거나 진동을 흡수할 목적으로 사용된다.

❖ 신축 허용 길이가 큰 순서

루프형 > 슬리브형 > 벨로우즈형 > 스위블형

관 이음쇠 종류

① 관을 도중에서 분기할 때

Y배관, 티, 크로스티

② 배관 방향을 전환할 때

엘보, 밴드

③ 같은 지름의 관을 직선 연결할 때

소켓, 니플, 플랜지, 유니온

④ 이경관을 연결할 때

이경티, 이경엘보, 부싱, 레듀셔

※ 이경관: 지름이 서로 다른 관과 관을 접속하는 데 사용하는 관 이음쇠

⑤ 관의 끝을 막을 때

플러그, 캡

⑥ 이종 금속관을 연결할 때

CM어댑터, SUS소켓, PB소켓, 링 조인트 소켓

수격 현상(워터 헤머링)

배관 속 유체의 흐름을 급히 차단시켰을 때 유체의 운동에너지가 압력에너지로 전환되면서 배관 내에 탄성파가 왕복하게 된다. 이에 따라 배관이 파손될 수 있다.

❖ 원인

- 펌프가 갑자기 정지될 때
- 급히 밸브를 개폐할 때
- 정상 운전 시 유체의 압력에 변동이 생길 때

❖ 방지

- 관로의 직경을 크게 한다.
- 관로 내의 유속을 낮게 한다(유속은 1.5~2m/s로 보통 유지).
- 관로에서 일부 고압수를 방출한다.
- 조압 수조를 관선에 설치하여 적정 압력을 유지한다.
  (부압 발생 장소에 공기를 자동적으로 흡입시켜 이상 부압을 경감한다.)
- 펌프에 플라이 휠을 설치하여 펌프의 속도가 급격하게 변화하는 것을 막는다.
  (관성을 증가시켜 회전수와 관 내 유속의 변화를 느리게 한다.)
- 펌프 송출구 가까이에 밸브를 설치한다.
  (펌프 송출구에 수격을 방지하는 체크밸브를 달아 역류를 막는다.)
- 에어챔버를 설치하여 축적하고 있는 압력에너지를 방출한다.
- 펌프의 속도가 급격히 변하는 것을 방지한다(회전체의 관성 모멘트를 크게 한다.).

공동 현상(캐비테이션)

펌프의 흡입측 배관 내의 물의 정압이 기존의 증기압보다 낮아져서 기포가 발생되는 현상으로, 펌프와 흡수면 사이의 수직 거리가 너무 길 때 관 속을 유동하고 있는 물속의 어느 부분이 고온일수록 포화 증기압에 비례하여 상승할 때 발생한다.

- 소음과 진동 발생, 관 부식, 임펠러 손상, 펌프의 성능 저하를 유발한다.
- 양정 곡선과 효율 곡선의 저하, 깃의 침식, 펌프 효율 저하, 심한 충격을 발생시킨다.

❖ 방지

- 실양정이 크게 변동해도 토출량이 과대하게 증가하지 않도록 주의한다.
- 스톱밸브를 지양하고, 슬루스밸브를 사용하며, 펌프의 흡입 수두를 작게 한다.
- 유속을 3.5m/s 이하로 유지시키고, 펌프의 설치 위치를 낮춘다.
- 마찰 저항이 작은 흡인관을 사용하여 흡입관 손실을 줄인다.
- 펌프의 임펠러 속도(회전수)를 작게 한다(흡입 비교 회전도를 낮춘다.).
- 펌프의 설치 위치를 수원보다 낮게 한다.
- 양흡입 펌프를 사용한다(펌프의 흡입측을 가압한다.).
- 관 내 물의 정압을 그때의 증기압보다 높게 한다.
- 흡입관의 구경을 크게 하며, 배관을 완만하고 짧게 한다.
- 펌프를 2개 이상 설치한다.
- 유압 회로에서 기름의 정도는 800ct를 넘지 않아야 한다.
- 압축 펌프를 사용하고, 회전차를 수중에 완전히 잠기게 한다.

7 맥동 현상(서징 현상)

펌프, 송풍기 등이 운전 중 한숨을 쉬는 것과 같은 상태가 되어 펌프인 경우 입구와 출구의 진공계, 압력계의 지침이 흔들리고 동시에 송출 유량이 변화하는 현상이다. 즉, 송출 압력과 송출 유량 사이에 주기적인 변동이 발생하는 현상이다.

❖ 원인

- 펌프의 양정 곡선이 산고 곡선이고, 곡선의 산고 상승부에서 운전했을 때
- 배관 중에 수조가 있을 때 또는 기체 상태의 부분이 있을 때
- 유량 조절 밸브가 탱크 뒤쪽에 있을 때
- 배관 중에 물탱크나 공기탱크가 있을 때

❖ 방지

- 바이패스 관로를 설치하여 운전점이 항상 우향 하강 특성이 되도록 한다.
- 우향 하강 특성을 가진 펌프를 사용한다.
- 유량 조절 밸브를 기체 상태가 존재하는 부분의 상류에 설치한다.
- 송출측에 바이패스를 설치하여 펌프로 송출한 물의 일부를 흡입측으로 되돌려 소요량만큼 전방으로 송출한다.

축 추력

단흡입 회전차에 있어 전면 측벽과 후면 측벽에 작용하는 정압에 차이가 생기기 때문에 축 방향으로 힘이 작용하게 된다. 이것을 축 추력이라고 한다.

❖ 축 추력 방지법

- 양흡입형의 회전차를 사용한다.
- 평형공을 설치한다
- 후면 측벽에 방사상의 리브를 설치한다.
- 스러스트베어링을 설치하여 축추력을 방지한다.
- 다단 펌프에서는 단수만큼의 회전차를 반대 방향으로 배열하여 자기 평형시킨다.
- 평형 원판을 사용한다.

9 증기압

어떤 물질이 일정한 온도에서 열평형 상태가 되는 증기의 압력

- 증기압이 클수록 증발하는 속도가 빠르다.
- 분자의 운동이 커지면 증기압이 증가한다.
- 증기 분자의 질량이 작을수록 큰 증기압을 나타내는 경향이 있다.
- 기압계에 수은을 이용하는 것이 적합한 이유는 증기압이 낮기 때문이다.
- 쉽게 증발하는 휘발성 액체는 증기압이 높다.
- 증기압은 밀폐된 용기 내의 액체 표면을 탈출하는 증기의 양이 액체 속으로 재침투하는 증기의 양과 같을 때의 압력이다.
- 유동하는 액체 내부에서 압력이 증기압보다 낮아지면 액체가 기화하는 공동 현상이 발생한다.
- 액체의 온도가 상승하면 증기압이 증가한다.
- 증발과 응축이 평형상태일 때의 압력을 포화증기압이라고 한다.

10 냉동 능력, 미국 냉동톤, 제빙톤, 냉각톤, 보일러 마력

① 냉동 능력

단위 시간에 증발기에서 흡수하는 열량을 냉동 능력[kcal/hr]

- 냉동 효과: 증발기에서 냉매 1kg이 흡수하는 열량
- 1냉동톤(냉동 능력의 단위): 0도의 물 1톤을 24시간 이내에 0도의 얼음으로 바꾸는 데 제거해야 할 열량 및 그 능력

② 1USRT

32°F의 물 1톤(2,000lb)을 24시간 동안에 32°F의 얼음으로 만드는 데 제거해야 할 열량 및 그 능력

- 1미국 냉동톤(USRT): 3,024kcal/hr

③ 제빙톤

25℃의 물 1톤을 24시간 동안에 −9℃의 얼음으로 만드는 데 제거해야 할 열량 또는 그 능력(열손실은 20%로 가산한다)

- 1제빙톤: 1.65RT

④ 냉각톤

냉동기의 냉동 능력 1USRT당 응축기에서 제거해야 할 열량으로, 이때 압축기에서 가하는 엔탈피를 860kcal/hr라고 가정한다.

- 1 CRT: 3,884kcal/hr

⑤ 1보일러 마력

100℃의 물 15.65kg을 1시간 이내에 100℃의 증기로 만드는 데 필요한 열량

- 100℃의 물에서 100℃의 증기까지 만드는 데 필요한 증발 잠열: 539kcal/kg
- 1보일러 마력: 539×15.65=8435.35kcal/hr

❖ 용빙조: 얼음을 약간 녹여 탈빙하는 과정

❖ 얼음의 융해열: 0℃ 물 → 0℃ 얼음 또는 0℃ 얼음 → 0℃ 물 (79.68kcal/kg)

11 열전달 방법

두 물체의 온도가 평형이 될 때까지 고온에서 저온으로 열이 이동하는 현상이 열전달이다.

전도

물체가 접촉되어 있을 때 온도가 높은 물체의 분자 운동이 충돌이라는 과정을 통해 분자 운동이 느린 분자를 빠르게 운동시킨다. 즉, 열이 물체 속을 이동하는 일이다. 결국 고체 속 분자들의 충돌로 열을 전달시킨다(열전도도 순서는 고체, 액체, 기체의 순으로 작게 된다.).

- 고체 물체 내에서 발생하는 유일한 열전달이며, 고체, 액체, 기체에서 모두 발생할 수 있다.
- 철봉 한쪽을 가열하면 반대쪽까지 데워지는 것을 전도라고 한다.
- 매개체인 고체 물질, 즉 매질이 있어야 열이 이동할 수 있다.
- $Q=KA\left(\frac{dT}{dx}\right)$ (단, x: 벽 두께, K: 열전도계수, dT: 온도차)

대류

물질이 열을 가지고 이동하여 열을 전달하는 것이다.

- 라면을 끓일 때 냄비의 물을 가열하는 것, 방 안의 공기가 뜨거워지는 것
- 액체 또는 기체 상태의 물질이 열을 받으면 운동이 빨라지고 부피가 팽창하여 밀도가 작아진다. 상대적으로 가벼워지면서 상승하고, 반대로 위에 있던 물질은 상대적으로 밀도가 커 내려오는 현상을 말한다. 즉, 대류의 원인은 밀도차이다.
- $Q=hA(T_w-T_f)$ (단, h: 열대류 계수, A: 면적, T_w: 벽 온도, T_f: 유체의 온도)

복사

전자기파에 의해 열이 매질을 통하지 않고 고온 물체에서 저온 물체로 직접 열이 전달되는 현상이다. 그리고 온도차가 클수록 이동하는 열이 크다.

- 액체나 기체라는 매질 없이 바로 열만 이동하는 현상
- 태양열이 대표적 예이며, 태양열은 공기라는 매질 없이 지구에 도달한다. 즉, 우주 공간은 공기가 존재하지 않지만 지구의 표면까지 도달한다.

❖ 보온병의 원리

- 열을 차단하여 보온병의 물질 온도를 유지시킨다. 즉, 단열이다(열 차단).
- 열을 차단하여 단열한다는 것은 전도, 대류, 복사를 모두 막는 것이다.

① 보온병 속 유리로 된 이중벽이 진공 상태를 유지하므로 대류로 인한 열 출입이 없다.
② 유리병의 고정 지지대는 단열 물질로 만들어져 있다.
③ 보온병 내부는 은도금을 하여 복사에 의한 열을 최대한 줄인다.
④ 보온병의 겉부분은 금속이나 플라스틱 재질로 열전도율을 최소화시킨다.
⑤ 보온병의 마개는 단열 재료로 플라스틱 재질을 사용한다.

무차원 수

레이놀즈 수	관성력 / 점성력	누셀 수	대류계수 / 전도계수
프루드 수	관성력 / 중력	비오트 수	대류열전달 / 열전도
마하 수	속도 / 음속, 관성력 / 탄성력	슈미트 수	운동량계수 / 물질전달계수
코시 수	관성력 / 탄성력	스토크 수	중력 / 점성력
오일러 수	압축력 / 관성력	푸리에 수	열전도 / 열저장
압력계 수	정압 / 동압	루이스 수	열확산계수 / 질량확산계수
스트라홀 수	진동 / 평균속도	스테판 수	현열 / 잠열
웨버 수	관성력 / 표면장력	그라쇼프스	부력 / 점성력
프란틀 수	소산 / 전도 운동량전달계수 / 열전달계수	본드 수	중력 / 표면장력

- 레이놀즈 수
  층류와 난류를 구분해 주는 척도(파이프, 잠수함, 관 유동 등의 역학적 상사에 적용)

- 프루드 수
  자유 표면을 갖는 유동의 역학적 상사 시험에서 중요한 무차원 수
  (수력 도약, 개수로, 배, 댐, 강에서의 모형 실험 등의 역학적 상사에 적용)

- 마하 수
  풍동 실험의 압축성 유동에서 중요한 무차원 수

- 웨버 수
  물방울의 형성, 기체－액체 또는 비중이 서로 다른 액체－액체의 경계면, 표면 장력, 위어, 오리피스에서 중요한 무차원 수

- 레이놀즈 수와 마하 수
  펌프나 송풍기 등 유체 기계의 역학적 상사에 적용하는 무차원 수

- 그라쇼프 수
  온도 차에 의한 부력이 속도 및 온도 분포에 미치는 영향을 나타내거나 자연 대류에 의한 전열 현상에 있어서 매우 중요한 무차원 수

- 레일리 수
  자연 대류에서 강도를 판별해 주거나 유체층 속에서 열대류가 일어나는지의 여부를 결정해 주는 매우 중요한 무차원 수

13 하중의 종류, 피로 한도, KS 규격별 기호

❖ 하중의 종류

① 사하중(정하중): 크기와 방향이 일정한 하중

② 동하중(활하중)
- 연행 하중: 일련의 하중(등분포 하중), 기차 레일이 받는 하중
- 반복 하중(편진 하중): 반복적으로 작용하는 하중
- 교번 하중(양진 하중): 하중의 크기와 방향이 계속 바뀌는 하중(가장 위험한 하중)
- 이동 하중: 작용점이 계속 바뀌는 하중(움직이는 자동차)
- 충격 하중: 비교적 짧은 시간에 갑자기 작용하는 하중
- 변동 하중: 주기와 진폭이 바뀌는 하중

❖ 피로 한도에 영향을 주는 요인

① **노치 효과**: 재료에 노치를 만들면 피로나 충격과 같은 외력이 작용할 때 집중응력이 발생하여 파괴되기 쉬운 성질을 갖게 된다.

② **치수 효과**: 취성 부재의 휨 강도, 인장 강도, 압축 강도, 전단 강도 등이 부재 치수가 증가함에 따라 저하되는 현상이다.

③ **표면 효과**: 부재의 표면이 거칠면 피로 한도가 저하되는 현상이다.

④ **압입 효과**: 노치의 작용과 내부 응력이 원인이며, 강압 끼워맞춤 등에 의해 피로 한도가 저하되는 현상이다.

❖ KS 규격별 기호

KS A	KS B	KS C	KS D
일반	기계	전기	금속
KS F	KS H	KS W	
토건	식료품	항공	

14 충돌

❖ 반발 계수에 대한 기본 정의

• 반발 계수: 변형의 회복 정도를 나타내는 척도이며, 0과 1 사이의 값이다.

• 반발 계수$(e)=\dfrac{\text{충돌 후 상대 속도}}{\text{충돌 전 상대 속도}}=-\dfrac{V_1'-V_2'}{V_1-V_2}=\dfrac{V_2'-V_1'}{V_1-V_2}$

$\begin{pmatrix} V_1\text{: 충돌 전 물체 1의 속도, } V_2\text{: 충돌 전 물체 2의 속도} \\ V_1'\text{: 충돌 후 물체 1의 속도, } V_2'\text{: 충돌 후 물체 2의 속도} \end{pmatrix}$

❖ 충돌의 종류

• 완전 탄성 충돌($e=1$)
충돌 전후 전체 에너지가 보존된다. 즉, 충돌 전후의 운동량과 운동에너지가 보존된다.
(충돌 전후 질점의 속도가 같다.)

• 완전 비탄성 충돌(완전 소성 충돌, $e=0$)
충돌 후 반발되는 것이 전혀 없이 한 덩어리가 되어 충돌 후 두 질점의 속도는 같다. 즉, 충돌 후 상대 속도가 0이므로 반발 계수가 0이 된다. 또한, 전체 운동량은 보존되지만, 운동에너지는 보존되지 않는다.

• 불완전 탄성 충돌(비탄성 충돌, $0<e<1$)
운동량은 보존되지만, 운동에너지는 보존되지 않는다.

15 열역학 법칙

❖ 열역학 제0법칙 [열평형 법칙]

물체 A가 B와 서로 열평형 상태에 있다. 그리고 B와 C의 물체도 각각 서로 열평형 상태에 있다. 따라서 결국 A, B, C 모두 열평형 상태에 있다고 볼 수 있다.

❖ 열역학 제1법칙 [에너지 보존 법칙]

고립된 계의 에너지는 일정하다는 것이다. 에너지는 다른 것으로 전환될 수 있지만 생성되거나 파괴될 수는 없다. 열역학적 의미로는 내부 에너지의 변화가 공급된 열에 일을 빼준 값과 동일하다는 말과 같다. 열역학 제1법칙은 제1종 영구 기관이 불가능함을 보여준다.

❖ 열역학 제2법칙 [에너지 변환의 방향성 제시]

어떤 닫힌계의 엔트로피가 열적 평형 상태에 있지 않다면 엔트로피는 계속 증가해야 한다는 법칙이다. 닫힌계는 점차 열적 평형 상태에 도달하도록 변화한다. 즉, 엔트로피를 최대화하기 위해 계속 변화한다. 열역학 제2법칙은 제2종 영구 기관이 불가능함을 보여준다.

❖ 열역학 제3법칙

어떤 방법으로도 어떤 계를 절대 온도 0K로 만들 수 없다. 즉, 카르노 사이클 효율에서 저열원의 온도가 0K라면 카르노 사이클 기관의 열효율은 100%가 된다. 하지만 절대 온도 0K는 존재할 수 없으므로 열효율 100%는 불가능하다. 즉, 절대 온도가 0K에 가까워지면, 계의 엔트로피도 0에 가까워진다.

❖ 열역학 제4법칙

온사게르의 상반 법칙이라고 한다. 즉, 작용이 있으면 반작용이 있다는 것으로, 빛과 그림자에 대한 이야기를 말한다.

이 문제집을 풀면서 **열역학 법칙**에 관해 나온 모든 표현들을
꼭 이해하고 **암기**하길 바랍니다.

16 기타

❖ SI 기본 단위

차원	길이	무게	시간	전류	온도	몰질량	광도
단위	meter	kilogram	second	Ampere	Kelvin	mol	candella
표시	m	kg	s	A	K	mol	cd

❖ 단위의 지수

지수	10^{-24}	10^{-21}	10^{-18}	10^{-15}	10^{-12}	10^{-9}	10^{-6}	10^{-3}	10^{-2}	10^{-1}	10^{0}
접두사	yocto	zepto	atto	fento	pico	nano	micro	mili	centi	deci	
기호	y	z	a	f	p	n	μ	m	c	d	
지수	10^{1}	10^{2}	10^{3}	10^{6}	10^{9}	10^{12}	10^{15}	10^{18}	10^{21}	10^{24}	
접두사	deca	hecto	kilo	mega	giga	tera	peta	exa	zetta	yotta	
기호	da	h	k	M	G	T	P	E	Z	Y	

❖ 온도계의 예

현상	상태 변화	온도계 종류
복사 현상	열복사량	파이로미터(복사 온도계)
물질 상태 변화	물리적 및 화학적 상태	액정 온도계
형상 변화	길이 팽창, 체적 팽창	바이메탈, 이상기체, 유리막대 온도계
전기적 성질 변화	전기 저항 및 기전력	열전대, 서미스터, 저항 온도계

❖ 시스템의 종류

	경계를 통과하는 질량	경계를 통과하는 에너지 / 열과 일
밀폐계(폐쇄계)	×	○
고립계(절연계)	×	×
개방계	○	○

02 Q&A 질의응답

피복제가 정확히 무엇인가요?

용접봉은 심선과 피복제(Flux)로 구성되어 있습니다. 그리고 피복제의 종류는 가스 발생식, 반가스 발생식, 슬래그 생성식이 있습니다.

우선, 용접입열이 가해지면 피복제가 녹으면서 가스 연기가 발생하게 됩니다. 그리고 그 연기가 용접하고 있는 부분을 덮어 대기 중으로부터의 산소와 질소로부터 차단해 주는 역할을 합니다. 따라서 산화물 또는 질화물이 발생하는 것을 방지해 줍니다. 또한, 대기 중으로부터 차단하여 용접 부분을 보호하고, 연기가 용접입열이 빠져나가는 것을 막아 주어 용착 금속의 냉각 속도를 지연시켜 급냉을 방지해 줍니다.

그리고 피복제가 녹아서 생긴 액체 상태의 물질을 용제라고 합니다. 이 용제도 용접부를 덮어 대기 중으로부터 보호하기 때문에 불순물이 용접부에 함유되는 것을 막아 용접 결함이 발생하는 것을 막아 주게 됩니다.

불활성 가스 아크 용접은 아르곤과 헬륨을 용접하는 부분 주위에 공급하여 대기로부터 보호합니다. 즉, 아르곤과 헬륨이 피복제의 역할을 하기 때문에 용제가 필요 없는 것입니다.

※ **용가제**: 용접봉과 같은 의미로 보면 됩니다.
※ **피복제의 역할**: 탈산 정련 작용, 전기 절연 작용, 합금 원소 첨가, 슬래그 제거, 아크 안정, 용착 효율을 높인다, 산화·질화 방지, 용착 금속의 냉각 속도 지연 등

주철의 특징들을 어떻게 이해하면 될까요?

- 주철의 탄소 함유량 2.11~6.68%부터 시작하겠습니다.
- 탄소 함유량이 2.11~6.68% 이상이므로 용융점이 낮습니다. 우선 순철일수록 원자의 배열이 질서정연하기 때문에 녹이기 어렵습니다. 따라서 상대적으로 탄소 함유량이 많은 주철은 용융점이 낮아 녹이기 쉬워 유동성이 좋고, 이에 따라 주형 틀에 넣고 복잡한 형상으로 주조 가능합니다. 그렇기 때문에 주철이 주물 재료로 많이 사용되는 것입니다. 또한, 주철은 담금질, 뜨임, 단조가 불가능합니다. (암기: ㄷㄷㄷ ×)
- 탄소 함유량이 많으므로 강, 경도가 큰 대신 취성이 발생합니다. 즉, 인성이 작고 충격값이 작습니다. 따라서 단조 가공 시 헤머로 타격하게 되면 취성에 의해 깨질 위험이 있습니다. 또한, 취성이 있어 가공이 어렵습니다. 가공은 외력을 가해 특정한 모양을 만드는 공정이므로 주철은 외력에 의해 깨지기 쉽기 때문입니다.
- 주철 내의 흑연이 절삭유의 역할을 하므로 주철은 절삭유를 사용하지 않으며, 절삭성이 우수합니다.
- 압축 강도가 우수하여 공작기계의 베드, 브레이크 드럼 등에 사용됩니다.
- 마찰 저항이 우수하며, 마찰차의 재료로 사용됩니다.
- 위에 언급했지만, 탄소 함유량이 많으면 취성이 발생하므로 해머로 두들겨서 가공하는 단조는 외력을 가하는 것이기 때문에 깨질 위험이 있어 단조가 불가능합니다. 그렇다면 단조를 가능하게 하려면 어떻게 해야 할까요? 취성을 줄이면 됩니다. 즉 인성을 증가시키거나 재질을 연화시키는 풀림 처리를 하면 됩니다. 따라서 가단 주철을 만들면 됩니다. 가단 주철이란 보통 주철의 여리고 약한 인성을 개선하기 위해 백주철을 장시간 풀림처리하여 시멘타이트를 소실시켜 연성과 인성을 확보한 주철을 말합니다.

※ 단조를 가능하게 하려면 "가단[단조를 가능하게] 주철을 만들어서 사용하면 됩니다."

마찰차의 원동차 재질이 종동차 재질보다 연한 재질인 이유가 무엇인가요?

마찰차는 직접 전동 장치, 직접적으로 동력을 전달하는 장치입니다.
즉, 원동차는 모터(전동기)로부터 동력을 받아 그 동력을 종동차에 전달합니다.

마찰차의 원동차를 연한 재질로 설계를 해야 모터로부터 과부하의 동력을 받았을 때 연한 재질로써 과부하에 의한 충격을 흡수할 수 있습니다. 만약 경한 재질이라면, 흡수보다는 마찰차가 파손되는 손상을 입거나 베어링에 큰 무리를 주게 됩니다.

결국, 원동차를 연한 재질로 만들어 마찰계수를 높이고 위와 같은 과부하에 의한 충격 등을 흡수하게 됩니다.

또한, 연한 재질뿐만 아니라 마찰차는 이가 없는 원통 형상의 원판을 회전시켜 동력을 전달하는 것이기 때문에 미끄럼이 발생합니다. 이 미끄럼에 의해 과부하에 의한 다른 부분의 손상을 방지할 수도 있다는 점을 챙기면 되겠습니다.

마찰차에서 축과 베어링 사이의 마찰이 커서 동력 손실과 베어링 마멸이 큰 이유는 무엇인가요?

원동차에 연결된 모터가 원동차에 공급하는 에너지를 100이라고 가정하겠습니다. 마찰차는 이가 없이 마찰로 인해 동력을 전달하는 직접 전동 장치이므로 미끄럼이 발생하게 됩니다. 따라서 동력을 전달하는 과정 중에 미끄럼으로 인한 에너지 손실이 발생할텐데, 그 손실된 에너지를 50이라고 가정하겠습니다. 이 손실된 에너지 50이 축과 베어링 사이에 전달되어 축과 베어링 사이의 마찰이 커지게 되고 이에 따라 베어링에 무리를 주게 됩니다.

※ 이가 없는 모든 전동 장치들은 통상적으로 대부분 미끄럼이 발생합니다.
※ 이가 있는 전동 장치(기어 등)는 이와 이가 맞물리기 때문에 미끄럼 없이 일정한 속비를 얻을 수 있습니다.

로딩(눈메움) 현상에 대해 궁금합니다.

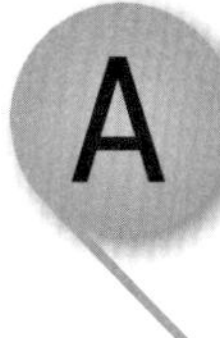

로딩이란 기공이나 입자 사이에 연삭 가공에 의해 발생된 칩이 끼는 현상입니다. 따라서 연삭 숫돌의 표면이 무뎌지므로 연삭 능률이 저하되게 됩니다. 이를 개선하려면 드레서 공구로 드레싱을 하여 숫돌의 자생 과정을 시켜 새로운 예리한 숫돌 입자가 표면에 나올 수 있도록 유도하면 됩니다. 그렇다면, 로딩 현상의 원인을 알아보도록 하겠습니다.

김치찌개를 드시고 있다고 가정하겠습니다. 너무 맛있게 먹었기 때문에 이빨 틈새에 고춧가루가 끼겠습니다. '이빨 사이의 틈새=입자들의 틈새'라고 보시면 됩니다.

이빨 틈새가 크다면 고춧가루가 끼지 않고 쉽게 통과하여 지나갈 것입니다. 하지만 이빨 사이의 틈새가 좁은 사람이라면, 고춧가루가 한 번 끼면 잘 빼지지도 않아 이쑤시개로 빼야 할 것입니다. 이것이 로딩입니다. 따라서 로딩은 조직이 미세하거나 치밀할 때 발생하게 됩니다. 또한, 원주 속도가 느릴 경우에는 입자 사이에 낀 칩이 잘 빠지지 않습니다. 원주 속도가 빨라야 입자 사이에 낀 칩이 원심력에 의해 밖으로 빠져나가 분리가 잘 되겠죠?

그리고 조직이 미세 또는 치밀하다는 것은 경도가 높다는 것과 동일합니다. 즉, 연삭 숫돌의 경도가 높을 때입니다. 실제 시험에서 공작물(일감)의 경도가 높을 때라고 보기에 나온 적이 있습니다. 틀린 보기입니다. 숫돌의 경도>공작물의 경도일 때 로딩이 발생하게 되니 꼭 알아두세요.

또한, 연삭 깊이가 너무 크다. 생각해 보겠습니다. 연삭 숫돌로 연삭하는 깊이가 크다면 일감 깊숙이 파고 들어가 연삭하므로 숫돌 입자와 일감이 접촉되는 부분이 커집니다. 따라서 접촉 면적이 커진만큼 숫돌 입자가 칩에 노출되는 환경이 훨씬 커집니다. 다시 말해 입자 사이에 칩이 낄 확률이 더 커진다는 의미와 같습니다.

글레이징(눈 무딤) 현상에 대해 궁금합니다.

글레이징이란 입자가 탈락하지 않고 마멸에 의해 납작해지는 현상을 말합니다. 입자가 탈락해야 자생 과정을 통해 예리한 새로운 입자가 표면으로 나올텐데, 글레이징이 발생하면 입자가 탈락하지 않아 자생 과정이 발생하지 않으므로 숫돌 입자가 무뎌져 연삭 가공을 진행하는 데 있어 효율이 저하됩니다.

그렇다면 글레이징의 원인은 어떻게 될까요? 총 3가지가 있습니다.

① 원주 속도가 빠를 때
② 결합도가 클 때
③ 숫돌과 일감의 재질이 다를 때(불균일할 때)

원주 속도가 빠르면 숫돌의 결합도가 상승하게 됩니다.
원주 속도가 빠르면 숫돌의 회전 속도가 빠르다는 것, 결국 빠르면 빠를수록 숫돌을 구성하고 있는 입자들은 원심력에 의해 밖으로 튕겨져 나가려고 할 것입니다. 이러한 과정이 발생하면서 입자와 입자들이 서로 밀착하게 되고, 이에 따라 조직이 치밀해지게 됩니다.
따라서 원주 속도가 빠르다 → 입자들이 치밀 → 결합도 증가

결합도는 자생 과정과 가장 관련이 있습니다. 자생 과정이란 입자가 무뎌지면 자연스럽게 입자가 탈락하고 벗겨지면서 새로운 입자가 표면에 등장하는 것입니다. 결합도가 크다면 연삭 숫돌이 단단하여 자생 과정이 잘 발생하지 않습니다. 즉, 입자가 탈락하지 않고 계속적으로 마멸에 의해 납작해져서 글레이징 현상이 발생하게 되는 것입니다.

열간 가공에 대한 특징이 궁금합니다.

열간 가공은 재결정 온도 이상에서 가공하는 것이기 때문에 재결정을 시키고 가공하는 것을 말합니다. 재결정을 시켰다는 것은 새로운 결정핵이 생성되었다는 것을 말합니다. 새로운 결정핵은 크기도 작고 매우 무른 상태이기 때문에 강도가 약합니다. 따라서 연성이 우수한 상태이므로 가공도가 커지게 되며 가공 시간이 빨라지므로 열간 가공은 대량 생산에 적합합니다.

또한, 새로운 결정핵(작은 미세한 결정)이 발생했다는 것 자체를 조직의 미세화 효과가 있다고 말합니다. 따라서 냉간 가공은 조직 미세화라는 표현이 맞고, 열간 가공은 조직 미세화 효과라는 표현이 맞습니다. 그리고 재결정 온도 이상으로 장시간 유지하면 새로운 신결정이 성장하므로 결정립이 커지게 됩니다. 이것을 조대화라고 보며, 성장하면서 배열을 맞추므로 재질의 균일화라고 표현합니다.

열간 가공이 냉간 가공보다 마찰계수가 큰 이유가 무엇인가요?

책에 동전을 올려두고 서서히 경사를 증가시킨다고 가정합니다. 어느 순간 동전이 미끄러질텐데, 이때의 각도가 바로 마찰각입니다. 열간 가공은 높은 온도에서 가공하므로 일감 표면이 산화가 발생하여 표면이 거칩니다. 따라서 동전이 미끄러지는 순간의 경사각이 더 클 것입니다. 즉, 마찰각이 크기 때문에 아래 식에 의거하여 마찰계수도 커지게 됩니다.

$\mu = \tan\rho$ (단, μ: 마찰계수, ρ: 마찰각)

영구 주형의 가스 배출이 불량한 이유는 무엇인가요?

금속형 주형을 사용하기 때문에 표면이 차갑습니다. 따라서 급냉이 되므로 용탕에서 발생된 가스가 주형에서 배출되기 전에 급냉으로 인해 응축되어 가스 응축액이 생깁니다. 따라서 가스 배출이 불량하며, 이 가스 응축액이 용탕 내부로 흡입되어 결함을 발생시킬 수 있으며, 내부가 거칠게 되는 것입니다.

압축 잔류 응력이 피로 한도와 피로 수명을 증가시키는 이유가 무엇인가요?

잔류 응력이란 외력을 가한 후 제거해도 재료 표면에 남아 있게 되는 응력을 말합니다. 잔류 응력의 종류에는 인장 잔류 응력과 압축 잔류 응력 2가지가 있습니다.

인장 잔류 응력은 재료 표면에 남아 표면의 조직을 서로 바깥으로 당기기 때문에 표면에 크랙을 유발할 수 있습니다.

반면에 압축 잔류 응력은 표면의 조직을 서로 밀착시키기 때문에 조직을 강하게 만듭니다. 따라서 압축 잔류 응력이 피로 한도와 피로 수명을 증가시킵니다.

숏피닝에서 압축 잔류 응력이 발생하는 이유는 무엇인가요?

숏피닝은 작은 강구를 고속으로 금속 표면에 분사합니다. 이때 표면에 충돌하게 되면 충돌 부위에 변형이 생기고, 그 강도가 일정 에너지를 넘게 되면 변형이 회복되지 않는 소성 변형이 일어나게 됩니다. 이 변형층과 충돌 영향을 받지 않는 금속 내부와 힘의 균형을 맞추기 위해 표면에는 압축 잔류 응력이 생성되게 됩니다.

냉각쇠의 역할, 냉각쇠를 주물 두께가 두꺼운 곳에 설치하는 이유, 주형 하부에 설치하는 이유는 각각 무엇인가요?

냉각쇠는 주물 두께에 따른 응고 속도 차이를 줄이기 위해 사용합니다. 어떤 주물을 주형에 넣어 냉각시키는 데 있어 주물 두께가 다른 부분이 있다면, 두께가 얇은 쪽이 먼저 응고되면서 수축하게 됩니다. 따라서 그 부분은 쇳물의 부족으로 인해 수축공이 발생하게 됩니다. 따라서 주물 두께가 두꺼운 부분에 냉각쇠를 설치하여 두꺼운 부분의 응고 속도를 증가시킵니다. 결국, 주물 두께 차이에 따른 응고 속도를 줄일 수 있으므로 수축공을 방지할 수 있습니다.

또한, 냉각쇠는 종류로는 핀, 막대, 와이어가 있으며, 주형보다 열흡수성이 좋은 재료를 사용합니다. 그리고 고온부와 저온부가 동시에 응고되도록 또는 두꺼운 부분과 얇은 부분이 동시에 응고되도록 하는 목적으로 설치하는 것임을 다시 설명드리겠습니다.

그리고 마지막으로 가장 중요한 것으로 냉각쇠(chiller)는 가스 배출을 고려하여 주형의 상부보다는 하부에 부착해야 합니다. 만약, 상부에 부착한다면 가스는 주형 위로 배출되려고 하다가 상부에 부착된 냉각쇠에 의해 빠르게 냉각되면서 응축하여 가스액이 되고, 그 가스액이 주물 내부로 떨어져 결함을 발생시킬 수 있습니다.

리벳 이음은 경합금과 같이 용접이 곤란한 접합에 유리하다고 알고 있습니다. 그렇다면 경합금이 용접이 곤란한 이유가 무엇인가요?

경합금은 일반적으로 철과 비교했을 때 열팽창 계수가 매우 큽니다. 그렇기 때문에 용접을 하게 된다면, 뜨거운 용접 입열에 의해 열팽창이 매우 크게 발생할 것입니다. 즉, 경합금을 용접하면 열팽창 계수가 매우 크기 때문에 열적 변형이 발생할 가능성이 큽니다. 따라서 경합금과 같은 재료는 용접보다는 리벳 이음을 활용해야 신뢰도가 높습니다.

그리고 한 가지 더 말씀드리면 알루미늄을 예로 생각해보겠습니다. 용접할 때 가열하면 금방 순식간에 녹아버릴 수 있습니다. 따라서 용접 온도를 적정하게 잘 맞춰야 하는데, 이것 또한 매우 어려운 일이므로 경합금과 같은 재료는 용접이 곤란합니다.

물론, 경합금이 용접이 곤란한 것이지 불가능한 것은 아닙니다. 노하우를 가진 숙련공들이 같은 용접 속도로 서로 반대 대칭되어 신속하게 용접하면 팽창에 의한 변형이 서로 반대에서 상쇄되므로 용접을 할 수 있습니다.

터빈의 단열 효율이 증가하면 건도가 감소하는 이유가 무엇인가요?

우선, 터빈의 단열 효율이 증가한다는 것은 터빈의 팽창일이 증가하는 것을 의미합니다.

T−S선도에서 터빈 구간의 일이 증가한다는 것은 2~3번 구간의 길이가 늘어난다는 것을 의미합니다. 길이가 늘어남에 따라 T−S선도 상의 면적은 증가하게 될 것입니다.

T−S선도에서 면적은 열량을 의미합니다. 보일러에 공급하는 열량은 일정하기 때문에 면적도 그 전과 동일해야 합니다.

2~3번 구간의 길이가 늘어나 면적이 늘어난 만큼, 열량이 동일해야 하므로 2~3번 구간은 좌측으로 이동하게 될 것입니다. 이에 따라 3번 터빈 출구점은 습증기 구간에 들어가 건도가 감소하게 되며, 습분이 발생하여 터빈 깃이 손상됩니다.

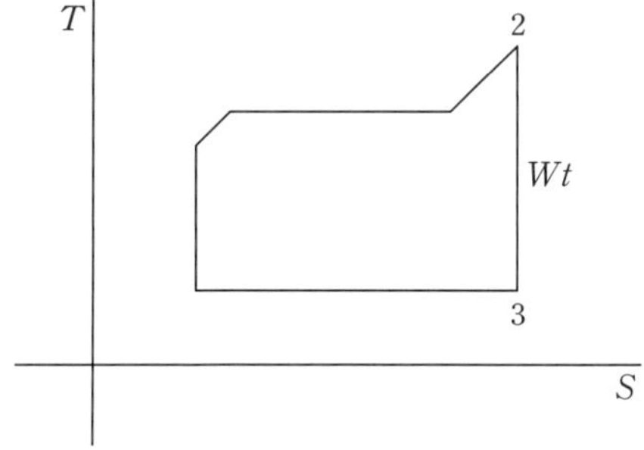

공기의 비열비가 온도가 증가할수록 감소하는 이유는 무엇인가요?

우선, 비열비=정압 비열/정적 비열입니다.
※ 정적 비열: 정적하에서 완전 가스 1kg을 1℃ 올리는 데 필요한 열량

온도가 증가할수록 기체의 분자 운동이 활발해져 기체의 부피가 늘어나게 됩니다.

부피가 작은 상태보다 부피가 큰 상태일 때, 열을 가해 온도를 올리기가 더 어려울 것입니다. 따라서 동일한 부피하에서 1℃ 올리는 데 더 많은 열량이 필요하게 됩니다. 즉, 온도가 증가할수록 부피가 늘어나고 늘어난 만큼 온도를 올리기 어렵기 때문에 더 많은 열량이 필요하다는 것입니다. 이 말은 정적 비열이 증가한다는 의미입니다.

따라서 비열비는 정압 비열/정적 비열이므로 온도가 증가할수록 감소합니다.

정압 비열에 상관없이 상대적으로 정적 비열의 증가분에 의한 영향이 더 크다고 보시면 되겠습니다.

냉매의 구비 조건을 이해하고 싶습니다.

❖ 냉매의 구비 조건

① 증발 압력이 대기압보다 크고, 상온에서도 비교적 저압에서 액화될 것
② 임계 온도가 높고, 응고온도가 낮을 것, 비체적이 작을 것
★③ 증발 잠열이 크고, 액체의 비열이 작을 것(자주 문의되는 조건)
④ 불활성으로 안전하며, 고온에서 분해되지 않고, 금속이나 패킹 등 냉동기의 구성 부품을 부식, 변질, 열화시키지 않을 것
⑤ 점성이 작고, 열전도율이 좋으며, 동작 계수가 클 것
⑥ 폭발성, 인화성이 없고, 악취나 자극성이 없어 인체에 유해하지 않을 것
⑦ 표면 장력이 작고, 값이 싸며, 구하기 쉬울 것

③ 증발 잠열이 크고, 액체의 비열이 작을 것
우선 냉매란 냉동 시스템 배관을 돌아다니면서 증발, 응축의 상변화를 통해 열을 흡수하거나 피냉각체로부터 열을 빼앗아 냉동시키는 역할을 합니다. 구체적으로 증발기에서 실질적 냉동의 목적이 이루어집니다.

냉매는 피냉각체로부터 열을 빼앗아 냉매 자신은 증발이 되면서 피냉각체의 온도를 떨어뜨립니다. 즉, 증발 잠열이 커야 피냉각체(공기 등)으로부터 열을 많이 흡수하여 냉동의 효과가 더욱 증대되게 됩니다. 그리고 액체 비열이 작아야 응축기에서 빨리 열을 방출하여 냉매 가스가 냉매액으로 응축됩니다. 각 구간의 목적을 잘 파악하면 됩니다.

※ 비열: 어떤 물질 1kg을 1℃ 올리는 데 필요한 열량
※ 증발 잠열: 온도의 변화 없이 상변화(증발)하는 데 필요한 열량

펌프 효율과 터빈 효율을 구할 때, 이론과 실제가 반대인 이유가 무엇인가요?

$$\text{펌프 효율 } \eta_p = \frac{\text{이론적인 펌프일}(W_p)}{\text{실질적인 펌프일}(W_{p'})}$$

$$\text{터빈 효율 } \eta_t = \frac{\text{실질적인 터빈일}(W_{t'})}{\text{이론적인 터빈일}(W_t)}$$

우선, 효율은 100% 이하이기 때문에 분모가 더 큽니다.

① 펌프는 외부로부터 전력을 받아 운전됩니다.

이론적으로 펌프에 필요한 일이 100이라고 가정하겠습니다. 이론적으로는 100이 필요하지만, 실제 현장에서는 슬러지 등의 찌꺼기 등으로 인해 배관이 막히거나 또는 임펠러가 제대로 된 회전을 할 수 없을 때도 있습니다. 따라서 유체를 송출하기 위해서는 더 많은 전력이 소요될 것입니다. 즉, 이론적으로는 100이 필요하지만 실제 상황에서는 여러 악조건이 있기 때문에 100보다 더 많은 일이 소요되게 됩니다. 결국, 펌프의 효율은 위와 같이 실질적인 펌프일이 분모로 가게 되어 효율이 100% 이하로 도출되게 됩니다.

② 터빈은 과열 증기가 터빈 블레이드를 때려 팽창일을 생산합니다.

이론적으로는 100이라는 팽창일이 얻어지겠지만, 실제 상황에서는 배관의 손상으로 인해 증기가 누설될 수 있어 터빈 출력에 영향을 줄 수 있습니다. 이러한 이유 등으로 인해 실제 터빈일은 100보다 작습니다. 결국, 터빈의 효율은 위와 같이 이론적 터빈일이 분모로 가게 되어 효율이 100% 이하로 도출되게 됩니다.

체인 전동은 초기 장력을 줄 필요가 없다고 하는데, 그 이유가 무엇인가요?

우선 벨트 전동과 관련된 초기 장력에 대해 알아보도록 하겠습니다.

벨트 전동에서 동력 전달에 필요한 충분한 마찰을 얻기 위해 정지하고 있을 때 미리 벨트에 장력을 주고 이 상태에서 풀리를 끼웁니다. 이때 준 장력이 초기 장력입니다.

벨트 전동을 하기 전에 미리 장력을 줘야 탱탱한 벨트가 되고, 이에 따라 벨트와 림 사이에 충분한 마찰력을 얻어 그 마찰로 동력을 전달할 수 있습니다.

참고 초기 장력 $= \dfrac{T_t(\text{긴장측 장력}) + T_s(\text{이완측 장력})}{2}$

※ **유효 장력**: 동력 전달에 꼭 필요한 회전력

참고 유효 장력 $= T_t(\text{긴장측 장력}) - T_s(\text{이완측 장력})$

하지만 체인 전동은 초기 장력을 줄 필요가 없어 정지 시에 장력이 작용하지 않고 베어링에도 하중이 작용하지 않습니다. 그 이유는 벨트는 벨트와 림 사이에 발생하는 마찰력으로 동력을 전달하기 때문에 정지 시에 미리 벨트가 탱탱하도록 만들어 마찰을 발생시키기 위해 초기 장력을 가하지만 체인 전동은 스프로킷 휠과 링크가 서로 맞물려서 동력을 전달하기 때문에 초기 장력을 줄 필요가 없습니다. 따라서 동력 전달 방법의 방식이 다르기 때문입니다. 또한, 체인 전동은 스프로킷 휠과 링크가 서로 맞물려 동력을 전달하므로 미끄럼이 없고, 일정한 속비도 얻을 수 있습니다.

실루민이 시효 경화성이 없는 이유가 무엇인가요?

❖ 실루민

- Al-Si계 합금
- 공정 반응이 나타나고, 절삭성이 불량하며, 시효 경화성이 없다.

❖ 실루민이 시효 경화성이 없는 이유

일반적으로 구리(Cu)는 금속 내부의 원자 확산이 잘 되는 금속입니다. 즉, 장시간 방치해도 구리가 석출되어 경화가 됩니다. 따라서 구리가 없는 Al-Si계 합금인 실루민은 시효 경화성이 없습니다.

Tip 구리가 포함된 합금은 대부분 시효 경화성이 있다고 보면 됩니다.

※ 시효 경화성이 있는 것: 황동, 강, 두랄루민, 라우탈, 알드레이, Y합금 등

직류 아크 용접에서 자기 불림 현상이 발생하는 이유가 무엇인가요?

자기 불림(Arc blow)은 아크 쏠림 현상을 말합니다. 보통 직류 아크 용접에서 발생하는 현상입니다.

그 이유는 전류가 흐르는 도체 주변에는 용접 전류 때문에 아크 주위에 자계가 발생합니다. 이 자계가 용접봉에 비대칭 되어 아크가 특정한 한 방향으로 쏠리는 불안정한 현상이 자기 불림 현상입니다.

결국 자계가 용접 일감의 모양이나 아크의 위치에 관련하여 비대칭이 되어 아크가 특정한 한 방향으로 쏠려 불안정하게 됩니다.

간단하게 요약하자면, 자기 불림은 직류 아크 용접에서 많이 발생되며, 교류는 +, − 위 아래로 파장이 있어 아크가 한 방향으로 쏠리지 않습니다.

따라서 자기 불림 현상을 방지하려면 대표적으로 교류를 사용하면 됩니다.

지금까지 오픈 채팅방과 블로그를 통해 가장 많이 받았던 질문들로 구성하였습니다.
암기가 아닌 **이해**와 **원리**를 통해 공부하면 더욱더 재미있고
직무면접에서도 큰 도움이 될 것입니다!

03 3역학 공식 모음집

1 재료역학 공식

① 전단 응력, 수직 응력

$\tau=\frac{P_s}{A}$, $\sigma=\frac{P}{A}$ (P_s: 전단 하중, P: 수직 하중)

② 전단 변형률

$\gamma=\frac{\lambda_s}{l}$ (λ_s: 전단 변형량)

③ 수직 변형률

$\varepsilon=\frac{\Delta l}{l}$, $\varepsilon'=\frac{\Delta D}{D}$ (Δl: 세로 변형량, ΔD: 가로 변형량)

④ 푸아송의 비

$\mu=\frac{\varepsilon'}{\varepsilon}=\frac{\Delta l \cdot D}{l \cdot \Delta D}=\frac{1}{m}$ (m: 푸아송 수)

⑤ 후크의 법칙

$\sigma=E\times\varepsilon$, $\tau=G\times\gamma$ (E: 종탄성 계수, G: 횡탄성 계수)

⑥ 길이 변형량

$\lambda_s=\frac{P_s l}{AG}$, $\Delta l=\frac{Pl}{AE}$ (λ_s: 전단 하중에 의한 변형량, Δl: 수직 하중에 의한 변형량)

⑦ 단면적 변형률

$\varepsilon_A=2\mu\varepsilon$

⑧ 체적 변형률

$\varepsilon_v = \varepsilon(1-2\mu)$

⑨ 탄성 계수의 관계

$mE = 2G(m+1) = 3K(m-2)$

⑩ 두 힘의 합성

$F = \sqrt{F_1^2 + F_2^2 + 2F_1F_2\cos\theta}$

⑪ 세 힘의 합성(라미의 정리)

$\dfrac{F_1}{\sin\theta_1} = \dfrac{F_2}{\sin\theta_2} = \dfrac{F_3}{\sin\theta_3}$

⑫ 응력 집중

$\sigma_{\max} = \alpha \times \sigma_n$ (α: 응력 집중 계수, σ_n: 공칭 응력)

⑬ 응력의 관계

$\sigma_\omega \le \sigma_\sigma = \dfrac{\sigma_u}{S}$ (σ_ω: 사용 응력, σ_σ: 허용 응력, σ_u: 극한 응력)

⑭ 병렬 조합 단면의 응력

$\sigma_1 = \dfrac{PE_1}{A_1E_1 + A_2E_2}$, $\sigma_2 = \dfrac{PE_2}{A_1E_1 + A_2E_2}$

⑮ 자중을 고려한 늘음량

$\delta_\omega = \dfrac{\gamma l^2}{2E} = \dfrac{\omega l}{2AE}$ (γ: 비중량, ω: 자중)

⑯ 충격에 의한 응력과 늘음량

$\sigma = \sigma_0\left\{1 + \sqrt{1 + \dfrac{2h}{\lambda_0}}\right\}$, $\lambda = \lambda_0\left\{1 + \sqrt{1 + \dfrac{2h}{\lambda_0}}\right\}$ (σ_0: 정적 응력, λ_0: 정적 늘음량)

⑰ 탄성 에너지

$u=\frac{\sigma^2}{2E}$, $U=\frac{1}{2}P\lambda=\frac{\sigma^2 Al}{2E}$

⑱ 열응력

$\sigma=E\varepsilon_{th}=E\times\alpha\times\Delta T$ (ε_{th}: 열변형률, α: 선팽창 계수)

⑲ 얇은 회전체의 응력

$\sigma_y=\frac{\gamma v^2}{g}$ (γ: 비중량, v: 원주 속도)

⑳ 내압을 받는 얇은 원통의 응력

$\sigma_y=\frac{PD}{2t}$, $\sigma_x=\frac{PD}{4t}$ (P: 내압력, D: 내경, t: 두께)

㉑ 단순 응력 상태의 경사면 전단 응력

$\tau=\frac{1}{2}\sigma_x\sin 2\theta$

㉒ 단순 응력 상태의 경사면 전단 응력

$\sigma_n=\sigma_x\cos^2\theta$

㉓ 2축 응력 상태의 경사면 전단 응력

$\tau=\frac{1}{2}(\sigma_x-\sigma_y)\sin 2\theta$

㉔ 2축 응력 상태의 경사면 수직응력

$\sigma_n'=\frac{1}{2}(\sigma_x+\sigma_y)+\frac{1}{2}(\sigma_x-\sigma_y)\cos 2\theta$

㉕ 평면 응력 상태의 최대, 최소 주응력

$\sigma_{1,2}=\frac{1}{2}(\sigma_x+\sigma_y)\pm\frac{1}{2}\sqrt{(\sigma_x-\sigma_y)^2+4\tau^2}$

㉖ 토크와 전단 응력의 관계

$$T=\tau\times Z_p=\tau\times\frac{\pi d^3}{16}$$

㉗ 토크와 동력과의 관계

$T=716.2\times\frac{H}{N}$ [kg・m] 단, H[PS]

$T=974\times\frac{H'}{N}$ [kg・m] 단, H'[kW]

㉘ 비틀림각

$\theta=\frac{TL}{GI_p}$ [rad] (G: 횡탄성 계수)

㉙ 굽힘에 의한 응력

$M=\sigma Z$, $\sigma=E\frac{y}{\rho}$, $\frac{1}{\rho}=\frac{M}{EI}=\frac{\sigma}{Ee}$ (ρ: 주름 반경, e: 중립축에서 끝단까지 거리)

㉚ 굽힘 탄성 에너지

$$U=\int\frac{M_x^2dx}{2EI}$$

㉛ 분포 하중, 전단력, 굽힘 모멘트의 관계

$$\omega=\frac{dF}{dx}=\frac{d^2M}{dx^2}$$

㉜ 처짐 곡선의 미분 방정식

$$EIy''=-M_x$$

㉝ 면적 모멘트법

$\theta=\frac{A_m}{E}$, $\delta=\frac{A_m}{E}\bar{x}$

(θ: 굽힘각, δ: 처짐량, A_m: BMD의 면적, $\bar{x}$: BMD의 도심까지의 거리)

㉞ 스프링 지수, 스프링 상수

$C=\frac{D}{d}$, $K=\frac{P}{\delta}$ (D: 평균 지름, d: 소선의 직각 지름, P: 하중, δ: 처짐량)

㉟ 등가 스프링 상수

$\frac{1}{K_{eq}}=\frac{1}{K_1}+\frac{1}{K_2}$ ➡ 직렬 연결

$K_{eq}=K_1+K_2$ ➡ 병렬 연결

㊱ 스프링의 처짐량

$\delta=\frac{8PD^3n}{Gd^4}$ (G: 횡탄성 계수, n: 감김 수)

㊲ 3각 판스프링의 응력과 늘음량

$\sigma=\frac{6Pl}{nbh^2}$, $\delta_{\max}=\frac{6Pl^3}{nbh^3E}$ (n: 판의 개수, b: 판목, E: 종탄성 계수)

㊳ 겹판 스프링의 응력과 늘음량

$\eta=\frac{3Pl}{2nbh^2}$, $\delta_{\max}=\frac{3P'l^3}{8nbh^3E}$

㊴ 핵반경

원형 단면 $a=\frac{d}{8}$, 사각형 단면 $a=\frac{b}{6}$, $\frac{h}{6}$

㊵ 편심 하중을 받는 단주의 최대 응력

$\sigma_{\max}=\frac{P}{A}+\frac{M}{Z}$

㊶ 오일러(Euler)의 좌굴 하중 공식

$P_B=\frac{n\pi^2EI}{l^2}$ (n: 단말 계수)

㊷ 세장비

$\lambda=\frac{l}{K}$ (l: 기둥의 길이) $K=\sqrt{\frac{I}{A}}$ (K: 최소 회전 반경)

㊸ 좌굴 응력

$\sigma_B=\frac{P_B}{A}=\frac{n\pi^2 E}{\lambda^2}$

❖ 평면의 성질 공식 정리

	공식	표현	도형의 종류		
			사각형	중심축	중공축
단면 1차 모멘트	$\bar{y}=\frac{A_1y_1+A_2y_2}{A_1+A_2}$ $\bar{x}=\frac{A_1x_1+A_2x_2}{A_1+A_2}$	$Q_y=\int xdA$ $Q_x=\int ydA$	$\bar{y}=\frac{h}{2}$ $\bar{x}=\frac{b}{2}$	$\bar{y}=\bar{x}=\frac{d}{2}$	내외경 비 $x=\frac{d_1}{d_2}$ (d_1: 내경, d_2: 외경)
단면 2차 모멘트	$K_x=\sqrt{\frac{I_x}{A}}$ $K_y=\sqrt{\frac{I_y}{A}}$	$I_x=\int y^2dA$ $I_y=\int x^2dA$	$I_x=\frac{bh^3}{12}$ $I_y=\frac{bh^3}{12}$	$I_x=I_y$ $=\frac{\pi d^4}{64}$	$I_x=I_y$ $=\frac{\pi {d_2}^4}{64}(1-x^4)$
극단면 2차 모멘트	$I_p=I_x+I_y$	$I_p=\int r^2dA$	$I_p=\frac{bh}{12}(b^2+h^2)$	$I_p=\frac{\pi d^4}{32}$	$I_p=\frac{\pi {d_2}^4}{32}(1-x^4)$
단면 계수	$Z=\frac{M}{\sigma_b}$	$Z=\frac{I_x}{e_x}$	$Z_x=\frac{bh^2}{6}$ $Z_y=\frac{bh^2}{6}$	$Z_x=Z_y$ $=\frac{\pi d^3}{32}$	$Z_x=Z_y$ $=\frac{\pi {d_2}^3}{32}(1-x^4)$
극단면 계수	$Z_p=\frac{T}{\tau_a}$	$Z_p=\frac{I_p}{e_p}$	–	$Z_p=\frac{\pi d^4}{16}$	$Z_p=\frac{\pi {d_2}^3}{16}(1-x^4)$

❖ 보의 정리

보의 종류	반력	최대 굽힘 모멘트 M_{max}	최대 굽힘각 θ_{max}	최대 처짐량 δ_{max}
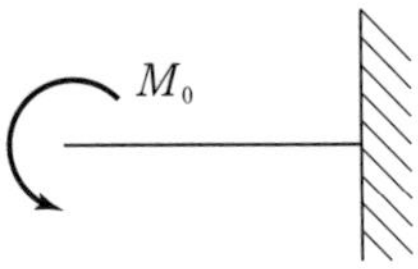	–	M_0	$\frac{M_0 l}{EI}$	$\frac{M_0 l^2}{2EI}$
	$R_b=P$	Pl	$\frac{Pl^2}{2EI}$	$\frac{Pl^3}{3EI}$
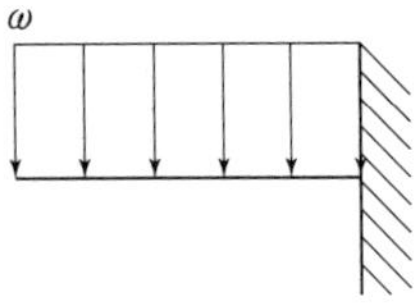	$R_b=\omega l$	$\frac{\omega l^2}{2}$	$\frac{\omega l^3}{6EI}$	$\frac{\omega l^4}{8EI}$
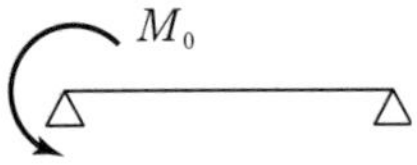	$R_a=R_b=\frac{M_0}{l}$	M_0	$\theta_A=\frac{M_0 l}{3EI}$ $\theta_B=\frac{M_0 l}{6EI}$	$x=\frac{l}{\sqrt{3}}$일 때 $\frac{M_0 l^2}{9\sqrt{3}EI}$
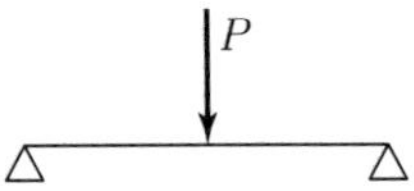	$R_a=R_b=\frac{P}{2}$	$\frac{Pl}{4}$	$\frac{Pl^2}{16EI}$	$\frac{Pl^3}{48EI}$
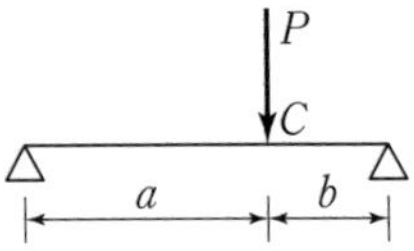	$R_a=\frac{Pb}{l}$ $R_b=\frac{Pa}{l}$	$\frac{Pab}{l}$	$\theta_A=\frac{Pab(l+b)}{6lEI}$ $\theta_B=\frac{Pab(l+a)}{6lEI}$	$\delta_c=\frac{Pa^2b^2}{3lEI}$
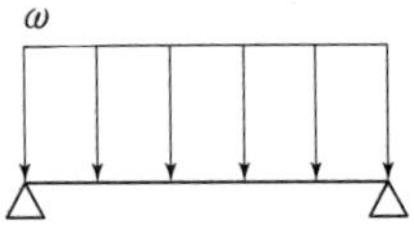	$R_a=R_b=\frac{\omega l}{2}$	$\frac{\omega l^2}{8}$	$\frac{\omega l^3}{24EI}$	$\frac{5\omega l^4}{384EI}$
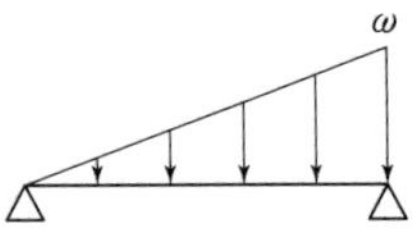	$R_a=\frac{\omega l}{6}$ $R_b=\frac{\omega l}{3}$	$\frac{\omega l^2}{9\sqrt{3}}$	–	–

보의 종류	반력	최대 굽힘 모멘트 M_{max}	최대 굽힘각 θ_{max}	최대 처짐량 δ_{max}
P	$R_a=\frac{5P}{16}$ $R_b=\frac{11P}{16}$	$M_B=M_{max}$ $=\frac{3}{16}Pl$	–	–
ω	$R_a=\frac{3\omega l}{8}$ $R_b=\frac{5\omega l}{8}$	$\frac{9\omega l^2}{128}$, $x=\frac{5l}{8}$일 때	–	–
P, a, b	$R_a=\frac{Pb^2}{l^3}(3a+b)$	$M_A=\frac{Pb^2a}{l^2}$ $M_B=\frac{Pa^2b}{l^2}$	$a=b=\frac{l}{2}$일 때 $\frac{Pl^2}{64EI}$	$a=b=\frac{l}{2}$일 때 $\frac{Pl^3}{192EI}$
ω	$R_a=R_b=\frac{\omega l}{2}$	$M_a=M_b=\frac{\omega l^2}{12}$ 중간 단의 모멘트 $=\frac{\omega l^2}{24}$	$\frac{\omega l^3}{125EI}$	$\frac{\omega l^4}{384EI}$
ω, A, C, B	$R_a=R_b=\frac{3\omega l}{16}$ $R_c=\frac{5\omega l}{8}$	$M_c=\frac{\omega l^2}{32}$	–	–

2 열역학 공식

① 열역학 0법칙, 열용량

$Q=Gc\Delta T$ (G: 중량 또는 질량, c: 비열, ΔT: 온도차)

② 온도 환산

$$C=\frac{5}{9}(F-32)$$

$$T(\mathrm{K})=T(℃)+273.15$$

$$T(\mathrm{R})=T(\mathrm{F})+460$$

③ 열량의 단위

1 kcal=3.968 BTU=2.205 CHU=4.1867 kJ

④ 비열의 단위

$$\left[\frac{1\ \mathrm{kcal}}{\mathrm{kg}\cdot ℃}\right]=\left[\frac{1\ \mathrm{BTU}}{\mathrm{Ib}\cdot ℉}\right]=\left[\frac{1\ \mathrm{CHU}}{\mathrm{Ib}\cdot ℃}\right]$$

⑤ 평균 비열, 평균 온도

$$C_m=\frac{1}{T_2-T_1}\int CdT,\ T_m=\frac{m_1C_1T_1+m_2C_2T_2}{m_1C_1+m_2C_2}$$

⑥ 일과 열의 관계

$Q=AW$ (A: 일의 열 상당량=1 kcal/427 kgf • m)

$W=JQ$ (J: 열의 일 상당량=$1/A$)

⑦ 동력과 열량과의 관계

1 Psh=632.3 kcal, 1 kWh=860 kcal

⑧ 열역학 1법칙의 표현

$$\delta q=du+Pdv=C_pdT+\delta W=dh+vdP=C_pdT+\delta Wt$$

⑨ 열효율

$$\eta = \frac{\text{정미 출력}}{\text{저위 발열량} \times \text{연료 소비율}}$$

⑩ 완전 가스 상태 방정식

$PV = mRT$ (P: 절대 압력, V: 체적, m: 질량, R: 기체 상수, T: 절대 온도)

⑪ 엔탈피

$H = U + pv =$ 내부 에너지 + 유동 에너지

⑫ 정압 비열(C_p), 정적 비열(C_v)

$$C_p = \frac{kR}{k-1},\ C_v = \frac{R}{k-1}$$

비열비 $k = \frac{C_p}{C_v}$, 기체 상수 $R = C_p - C_v$

⑬ 혼합 가스의 기체 상수

$$R = \frac{m_1R_1 + m_2R_2 + m_3R_3}{m_1 + m_2 + m_3}$$

⑭ 열기관의 열효율

$$\eta = \frac{\Delta Wa}{Q_H} = \frac{Q_H - Q_L}{Q_H} = 1 - \frac{T_L}{T_H}$$

⑮ 냉동기의 성능 계수

$$\varepsilon_r = \frac{Q_L}{W_C} = \frac{Q_L}{Q_H - Q_L} = \frac{T_L}{T_H - T_L}$$

⑯ 열펌프의 성능 계수

$$\varepsilon_H = \frac{Q_H}{W_a} = \frac{Q_H}{Q_H - Q_L} = \frac{T_H}{T_H - T_L} = 1 + \varepsilon_r$$

⑰ 엔트로피

$$ds = \frac{\delta Q}{T} = \frac{mcdT}{T}$$

⑱ 엔트로피 변화

$$\Delta S = C_V \ln\frac{T_2}{T_1} + R\ln\frac{V_2}{V_1} = C_P \ln\frac{T_2}{T_1} - R\ln\frac{P_2}{P_1} = C_P \ln\frac{V_2}{V_1} + C_V \ln\frac{P_2}{P_1}$$

⑲ 습증기의 상태량 공식

$v_x = v' + x(v'' - v')$ $h_x = h' + x(h'' - h')$

$s_x = s' + x(s'' - s')$ $u_x = u' + x(u'' - u')$

건도 $x = \dfrac{\text{습증기의 중량}}{\text{전체 중량}}$

(v', h', s', u': 포화액의 상대값, v'', h'', s'', u'': 건포화 증기의 상태값)

⑳ 증발 잠열(잠열)

$$\gamma = h'' - h' = (u'' - u') + P(u'' - u')$$

㉑ 고위 발열량

$$H_h = 8{,}100\,\mathrm{C} + 34{,}000\left(\mathrm{H} - \frac{\mathrm{O}}{8}\right) + 2{,}500\,\mathrm{S}$$

㉒ 저위 발열량

$$H_c = 8{,}100\,\mathrm{C} - 29{,}000\left(\mathrm{H} - \frac{\mathrm{O}}{8}\right) + 2{,}500\,\mathrm{S} - 600W = H_h - 600(9\mathrm{H} + W)$$

㉓ 노즐에서의 출구 속도

$$V_2 = \sqrt{2g(h_1 - h_2)} = \sqrt{h_1 - h_2}$$

❖ 상태 변화 관련 공식

변화	정적 변화	정압 변화	정온 변화	단열 변화	폴리트로픽 변화
p, v, T 관계	$v=C$, $dv=0$, $\frac{P_1}{T_1}=\frac{P_2}{T_2}$	$P=C$, $dP=0$, $\frac{v_1}{T_1}=\frac{v_2}{T_2}$	$T=C$, $dT=0$, $Pv=P_1v_1=P_2v_2$	$Pv^k=c$, $\frac{T_2}{T_1}=\left(\frac{v_1}{v_2}\right)^{k-1}=\left(\frac{P_2}{P_1}\right)^{\frac{k-1}{k}}$	$Pv^n=c$, $\frac{T_2}{T_1}=\left(\frac{v_1}{v_2}\right)^{n-1}$
(절대일) 외부에 하는 일 $_1\omega_2=\int pdv$	0	$P(v_2-v_1)=R(T_2-T_1)$	$P_1v_1\ln\frac{v_2}{v_1}=P_1v_1\ln\frac{P_1}{P_2}=RT\ln\frac{v_2}{v_1}=RT\ln\frac{P_1}{P_2}$	$\frac{1}{k-1}(P_1v_1-P_2v_2)=\frac{RT_1}{k-1}\left(1-\frac{T_2}{T_1}\right)=\frac{RT_1}{k-1}\left[\left(1-\frac{v_1}{v_2}\right)^{k-1}\right]=C_v(T_1-T_2)$	$\frac{1}{n-1}(P_1v_1-P_2v_2)=\frac{P_1v_1}{n-1}\left(1-\frac{T_2}{T_1}\right)=\frac{R}{n-1}(T_1-T_2)$
공업일 (압축일) $\omega_1=-\int vdp$	$v(P_1-P_2)=R(T_1-T_2)$	0	ω_{12}	$k_1\omega_2$	$n_1\omega_2$
내부 에너지의 변화 u_2-u_1	$C_v(T_2-T_1)=\frac{R}{k-1}(T_2-T_1)=\frac{v}{k-1}(P_2-P_1)$	$C_v(T_2-T_1)=\frac{P}{k-1}(v_2-v_1)$	0	$C_v(T_2-T_1)=-{}_1W_2$	$-\frac{(n-1)}{k-1}{}_1W_2$
엔탈피의 변화 h_2-h_1	$C_p(T_2-T_1)=\frac{kR}{k-1}(T_2-T_1)=\frac{kv}{k-1}(P_2-P_1)=k(u_2-u_1)$	$C_p(T_2-T_1)=\frac{kR}{k-1}(T_2-T_1)=\frac{kv}{k-1}(P_2-P_1)$	0	$C_p(T_2-T_1)=-W_t=-k_1W_2=k(u_2-u_1)$	$-\frac{(n-1)}{k-1}{}_1W_2$
외부에서 얻은 열 $_1q_2$	u_2-u_1	h_2-h_1	$_1W_2-W_t$	0	$C_n(T_2-T_1)$
n	∞	0	1	k	$-\infty$에서 $+\infty$

변화	정적 변화	정압 변화	정온 변화	단열 변화	폴리트로픽 변화
비열 C	C_v	C_p	∞	0	$C_n=C_v\dfrac{n-k}{n-1}$
엔트로피의 변화 s_2-s_1	$C_v\ln\dfrac{T_2}{T_1}$ $=C_v\ln\dfrac{P_2}{P_1}$	$C_p\ln\dfrac{T_2}{T_1}$ $=C_p\ln\dfrac{v_2}{v_1}$	$R\ln\dfrac{v_2}{v_1}$	0	$C_n\ln\dfrac{T_2}{T_1}$ $=C_v\dfrac{n-k}{n}\ln\dfrac{P_2}{P_1}$

❖ 열역학 사이클

1. 카르노 사이클 = 가역 이상 열기관 사이클

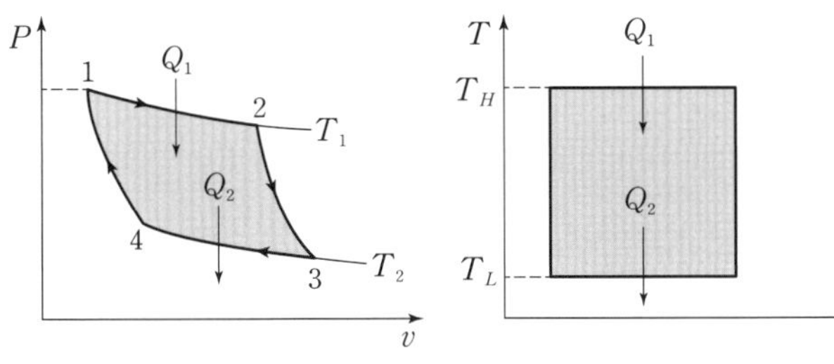

카르노 사이클의 효율

$$\eta_c = \frac{W_a}{Q_H} = \frac{Q_H - Q_L}{Q_H}$$

$$= \frac{T_H - T_L}{T_H} = 1 - \frac{T_L}{T_H}$$

2. 랭킨 사이클 = 증기 원동소 사이클의 기본 사이클

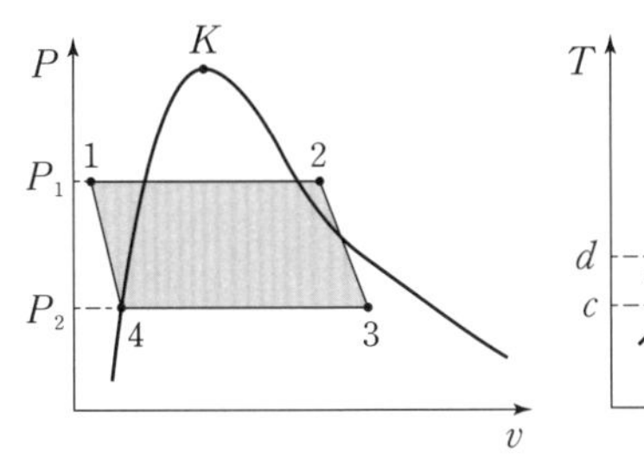

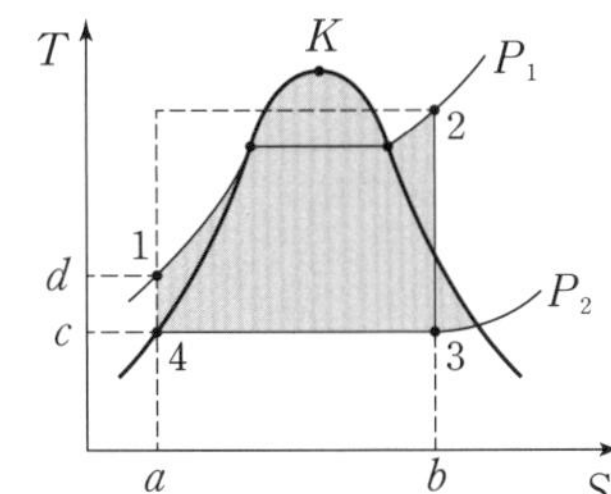

랭킨 사이클의 효율

$$\eta_R = \frac{W_a}{Q_H} = \frac{W_T - W_P}{Q_H}$$

터빈일 $W_T = h_2 - h_3$

펌프일 $W_P = h_1 - h_4$

보일러 공급 열량 $Q_H = h_2 - h_1$

3. 재열 사이클

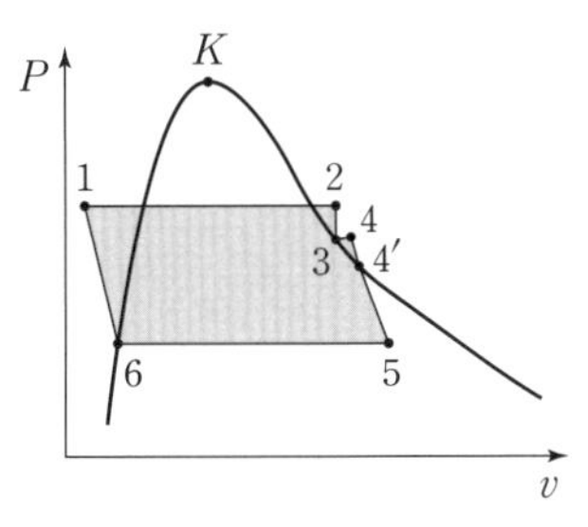

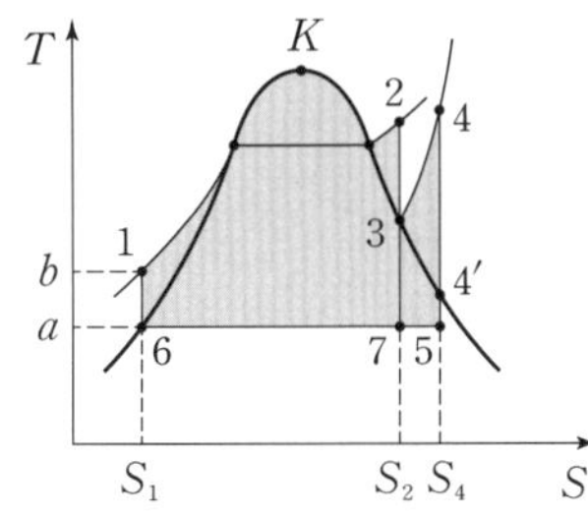

재열 사이클의 효율

$$\eta_R = \frac{W_a}{Q_H + Q_R} = \frac{W_{T_1} + W_{T_2} - W_P}{Q_H + Q_R}$$

터빈1의 일 $= h_2 - h_3$

터빈2의 일 $= h_4 - h_5$

펌프의 일 $= h_1 - h_6$

보일러 공급 열량 $Q_H = h_2 - h_1$

재열기 공급 열량 $Q_R = h_4 - h_3$

4. 오토 사이클 = 정적 사이클 = 가솔린 기관의 기본 사이클

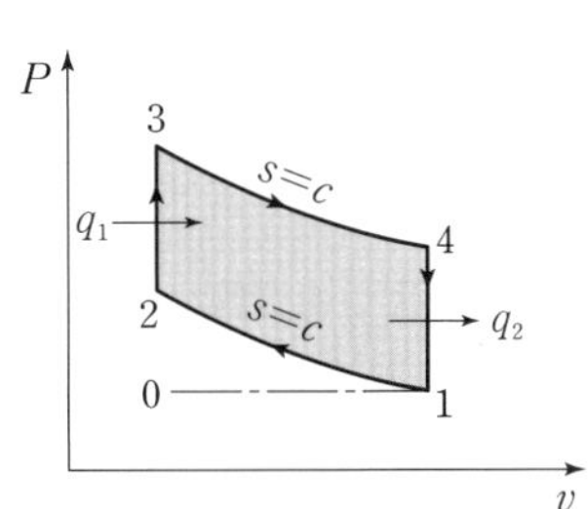

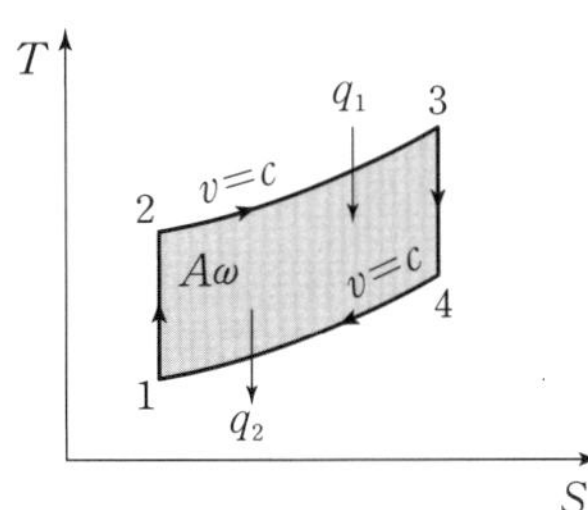

$$\eta_O = \frac{q_1 - q_2}{q_1} = 1 - \frac{q_2}{q_1}$$

$$= 1 - \frac{C_v(T_4 - T_1)}{C_v(T_3 - T_2)}$$

$$= 1 - \left(\frac{1}{\varepsilon}\right)^{k-1}$$

압축비 $\varepsilon = \dfrac{\text{실린더 체적}}{\text{연료실 체적}}$

5. 디젤 사이클 = 정압 사이클 = 저중속 디젤 기관의 기본 사이클

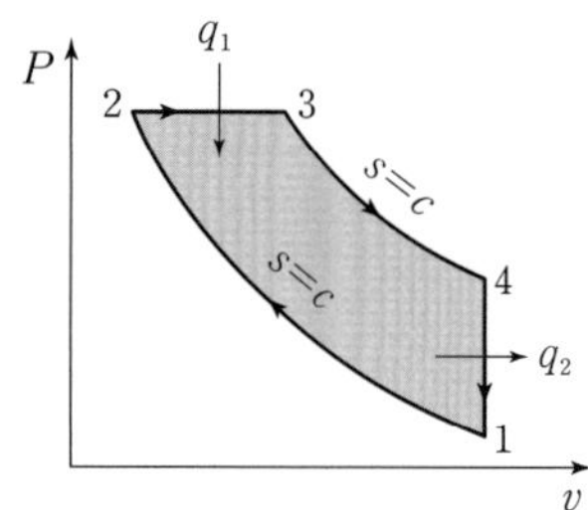

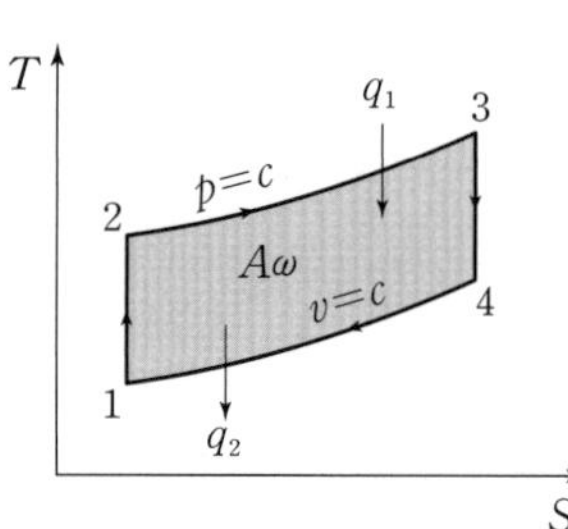

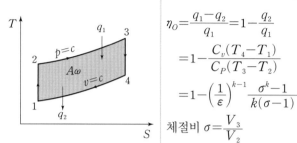

$$\eta_O=\frac{q_1-q_2}{q_1}=1-\frac{q_2}{q_1}$$

$$=1-\frac{C_v(T_4-T_1)}{C_P(T_3-T_2)}$$

$$=1-\left(\frac{1}{\varepsilon}\right)^{k-1}\frac{\sigma^k-1}{k(\sigma-1)}$$

체절비 $\sigma=\frac{V_3}{V_2}$

6. 사바테 사이클 = 복합 사이클 = 고속 디젤 사이클의 기본 사이클

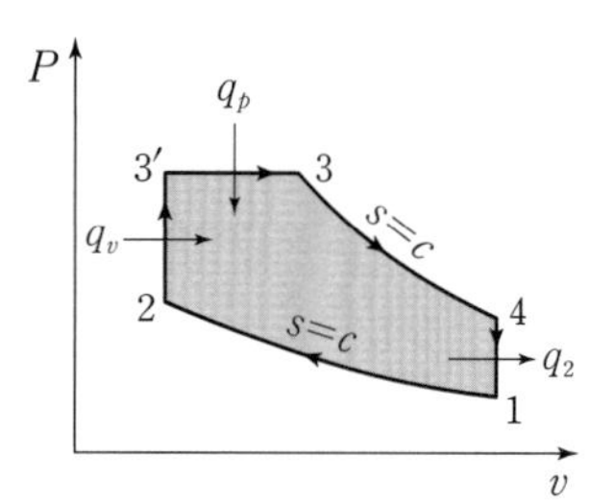

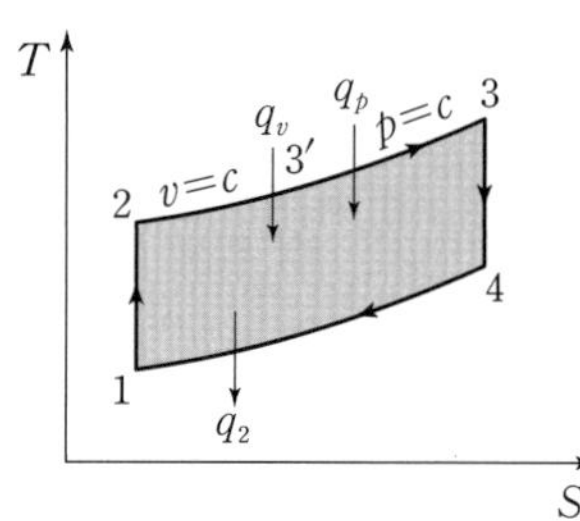

사바테 사이클의 효율

$$\eta_S=\frac{q_p+q_v-q_v}{q_p+q_v}$$

$$=1-\frac{q_v}{q_p+q_v}$$

$$=1-\frac{C_v(T_4-T_1)}{C_P(T_3-T'_3)+C_V(T'_3-T_2)}$$

$$=1-\left(\frac{1}{\varepsilon}\right)^{k-1}\frac{\rho\sigma^k-1}{(\rho-1)+k\rho(\sigma-1)}$$

7. 브레이튼 사이클 = 가스 터빈의 기본 사이클

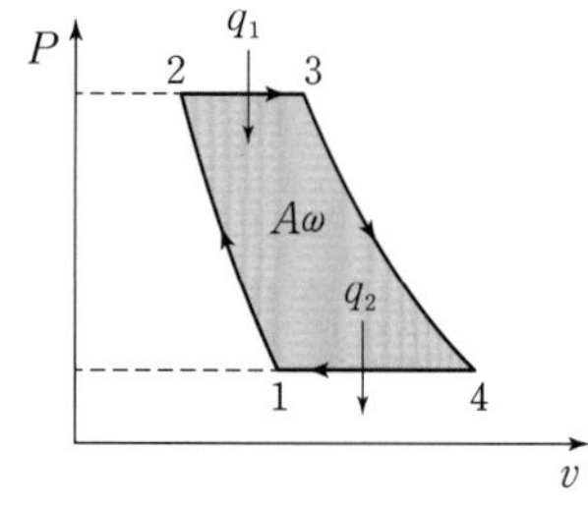

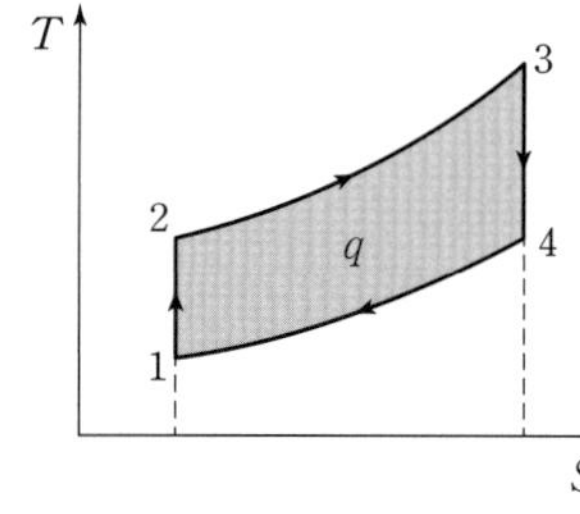

$$\eta_B=\frac{q_1-q_2}{q_1}$$

$$=\frac{C_P(T_3-T_2)-C_P(T_4-T_1)}{C_P(T_3-T_2)}$$

$$=1-\left(\frac{1}{\rho}\right)^{\frac{k-1}{k}}$$

압력 상승비 $\rho=\frac{P_{\max}}{P_{\min}}$

8. 증기 냉동 사이클

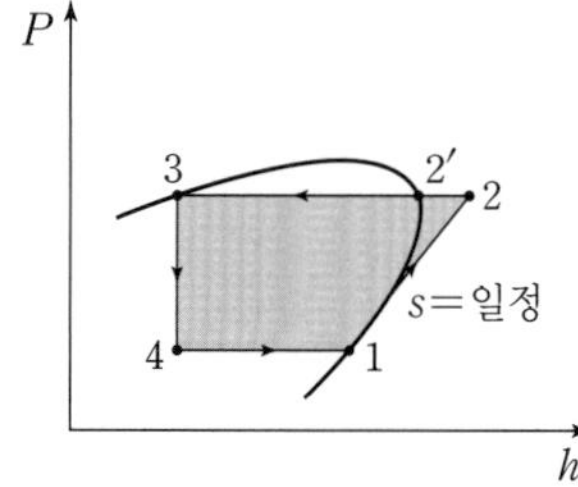

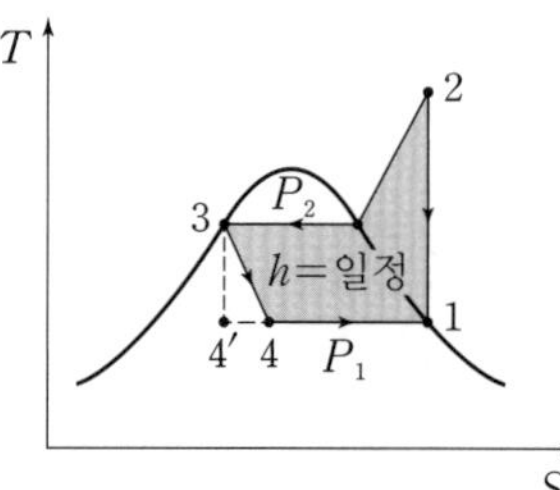

$$\eta_R=\frac{Q_L}{W_a}=\frac{Q_L}{Q_H-Q_L}$$

$$=\frac{(h_1-h_4)}{(h_2-h_3)-(h_1-h_4)}$$

(Q_L: 저열원에서 흡수한 열량)

냉동 능력 1 RT=3.86 kW

유체역학 공식

① 뉴턴의 운동 방정식

$$F=ma=m\frac{dv}{dt}=\rho Qv$$

② 비체적(v)

단위 질량당 체적 $v=\frac{V}{M}=\frac{1}{\rho}$

단위 중량당 체적 $v=\frac{V}{W}=\frac{1}{\gamma}$

③ 밀도(ρ), 비중량(γ)

밀도 $\rho=\frac{M(\text{질량})}{V(\text{체적})}$

비중량 $\gamma=\frac{W(\text{무게})}{V(\text{체적})}$

④ 비중(S)

$$S=\frac{\gamma}{\gamma_\omega},\ \gamma_\omega=\frac{1{,}000\ \text{kgf}}{\text{m}^3}=\frac{9{,}800\ \text{N}}{\text{m}^3}$$

⑤ 뉴턴의 점성 법칙

$F=\mu\frac{uA}{h},\ \frac{F}{A}=\tau=\mu\frac{du}{dy}$ (u: 속도, μ: 점성 계수)

⑥ 점성계수(μ)

$$1\text{Poise}=\frac{1\ \text{dyne}\cdot\text{sec}}{\text{cm}^2}=\frac{1\ \text{g}}{\text{cm}\cdot\text{s}}=\frac{1}{10}\ \text{Pa}\cdot\text{s}$$

⑦ 동점성계수(ν)

$\nu=\frac{\mu}{\rho}$ ($1\ \text{stoke}=1\ \text{cm}^2/\text{s}$)

⑧ 체적 탄성 계수

$$K=\frac{\Delta p}{\frac{\Delta v}{v}}=\frac{\Delta p}{\frac{\Delta r}{r}}=\frac{1}{\beta}\ (\beta\text{: 압축률})$$

⑨ 표면 장력

$$\sigma=\frac{\Delta Pd}{4}\ (\Delta P\text{: 압력 차이, } d\text{: 직경})$$

⑩ 모세관 현상에 의한 액면 상승 높이

$$h=\frac{4\sigma\cos\beta}{\gamma d}\ (\sigma\text{: 표면 장력, } \beta\text{: 접촉각})$$

⑪ 정지 유체 내의 압력

$P=\gamma h$ (γ: 유체의 비중량, h: 유체의 깊이)

⑫ 파스칼의 원리

$$\frac{F_1}{A_1}=\frac{F_2}{A_2}\ (P_1=P_2)$$

⑬ 압력의 종류

$P_{abs}=P_O+P_G=P_O-P_V=P_O(1-x)$

(x: 진공도, P_{abs}: 절대 압력, P_O: 국소 대기압, P_G: 게이지압, P_V: 진공압)

⑭ 압력의 단위

1 atm=760 mmHg=10.332 mAq=1.0332 kgf/cm^2=101,325 Pa=1.0132 bar

⑮ 경사면에 작용하는 유체의 전압력, 전압력이 작용하는 위치

$$F=\gamma\overline{H}A,\ y_F=\overline{y}+\frac{I_G}{A\overline{y}}$$

(γ: 비중량, H: 수문의 도심까지의 수심, $\overline{y}$: 수문의 도심까지의 거리, A: 수문의 면적)

⑯ 부력

$F_B=\gamma V$ (γ: 유체의 비중량, V: 잠겨진 유체의 체적)

⑰ 연직 등가속도 운동을 받을 때

$$P_1-P_2=\gamma h\left(1+\frac{a_y}{g}\right)$$

⑱ 수평 등가속도 운동을 받을 때

$$\tan\theta=\frac{a_x}{g}$$

⑲ 등속 각속도 운동을 받을 때

$\Delta H=\dfrac{V_0^2}{2g}$ (V_0: 바깥 부분의 원주 속도)

⑳ 유선의 방정식

$v=ui+vj+wk$ $\quad ds=dxi+dyj+dzk$

$v\times ds=0$ $\quad \dfrac{dx}{u}=\dfrac{dy}{u}=\dfrac{dz}{w}$

㉑ 체적 유량

$$Q=A_1V_1=A_2V_2$$

㉒ 질량 유량

$\dot{M}=\rho AV=\text{Const}$ (ρ: 밀도, A: 단면적, V: 유속)

㉓ 중량 유량

$\dot{G}=\gamma AV=\text{Const}$ (γ: 비중량, A: 단면적, V: 유속)

㉔ 1차원 연속 방정식의 미분형

$\dfrac{d\rho}{\rho}+\dfrac{dv}{v}+\dfrac{dA}{A}=0$ 또는 $d(\rho AV)=0$

㉕ 3차원 연속 방정식

$$\frac{\partial u}{\partial x}+\frac{\partial v}{\partial y}+\frac{\partial w}{\partial z}=0$$

㉖ 오일러 방정식

$$\frac{dP}{\rho}+VdV+gdz=0$$

㉗ 베르누이 방정식

$$\frac{P}{\gamma}+\frac{v^2}{2g}+z=H$$

㉘ 높이 차가 H인 구멍 부분의 속도

$$v=\sqrt{2gH}$$

㉙ 피토 관을 이용한 유속 측정

$v=\sqrt{2g\Delta H}$ (ΔH: 피토관을 올라온 높이)

㉚ 피토 정압관을 이용한 유속 측정

$V=\sqrt{2g\Delta H\left(\frac{S_0-S}{S}\right)}$ (S_0: 액주계 내의 비중, S: 관 내의 비중)

㉛ 운동량 방정식

$Fdt=m(V_2-V_1)$ (Fdt: 역적, mV: 운동량)

㉜ 수직 평판이 받는 힘

$F_x=\rho Q(V-u)$ (V: 분류의 속도, u: 날개의 속도)

㉝ 고정 날개가 받는 힘

$F_x=\rho QV(1-\cos\theta)$, $F_y=-\rho QV\sin\theta$

㉞ 이동 날개가 받는 힘

$F_x = \rho QV(1-\cos\theta)$, $F_y = -\rho QV\sin\theta$

㉟ 프로펠러 추력

$F = \rho Q(V_4 - V_1)$ (V_4: 유출 속도, V_1: 유입 속도)

㊱ 프로펠러의 효율

$$\eta = \frac{\text{출력}}{\text{입력}} = \frac{\rho QV_1}{\rho QV} = \frac{V_1}{V}$$

㊲ 프로펠러를 통과하는 평균 속도

$$V = \frac{V_4 + V_1}{2}$$

㊳ 탱크에 달려 있는 노즐에 의한 추진력

$F = \rho QV = PAV^2 = \rho A2gh = 2Ah\gamma$

㊴ 로켓 추진력

$F = \rho QV$

㊵ 제트 추진력

$F = \rho_2 Q_2 V_2 - \rho_1 Q_1 V_1 = \dot{M}_2 V_2 - \dot{M}_1 V_1$

㊶ 원관에서의 레이놀드 수

$Re = \dfrac{\rho VD}{\mu} = \dfrac{VD}{\nu}$ (2,100 이하: 층류, 4,000 이상: 난류)

㊷ 수평 원관에서의 층류 운동

유량 $Q = \dfrac{\Delta P \pi D^4}{128\mu L}$ (ΔP: 압력 강하, μ: 점성, L: 길이, D: 직경)

03 3역학 공식 모음집

㊸ 층류 유동일 때의 경계층 두께

$$\delta=\frac{5x}{\sqrt{Re}}$$

㊹ 동압에 의한 항력

$D=C_D\frac{\gamma V^2}{2g}A=C_D\times\frac{\rho V^2}{2}A$ (C_D: 항력 계수)

㊺ 동압에 의한 양력

$L=C_L\frac{\gamma V^2}{2g}A=C_L\times\frac{\rho V^2}{2}A$ (C_L: 양력 계수)

㊻ 스토크 법칙에서의 항력

$D=6R\mu V\pi$ (R: 구의 반지름, V: 속도, μ: 점성 계수)

㊼ 층류 유동에서의 관 마찰 계수

$$f=\frac{64}{Re}$$

㊽ 원형관 속의 손실 수두

$H_L=f\frac{l}{d}\times\frac{V^2}{2g}$ (f: 관 마찰 계수, l: 관의 길이, d: 관의 직경)

㊾ 수력 반경

$$R_h=\frac{A(\text{유동 단면적})}{P(\text{접수 길이})}=\frac{d}{4}$$

㊿ 비원형관에서의 손실 수두

$$H_L=f\times\frac{l}{4R_h}\times\frac{V^2}{2g}$$

(51) 버킹햄의 π정리

$\pi=n-m$ (π: 독립 무차원 수, n: 물리량 수, m: 기본 차수)

⑫ 최량수로 단면

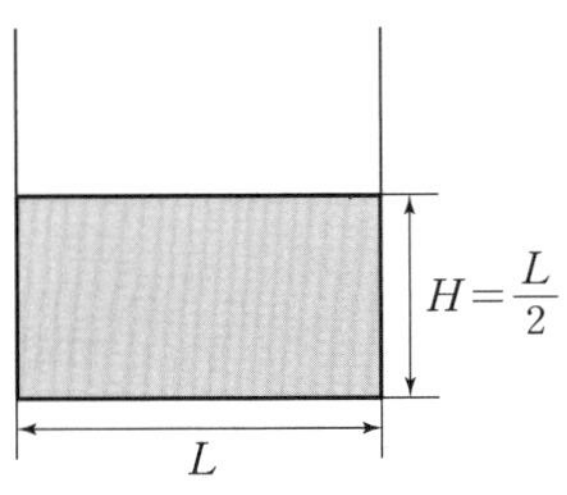

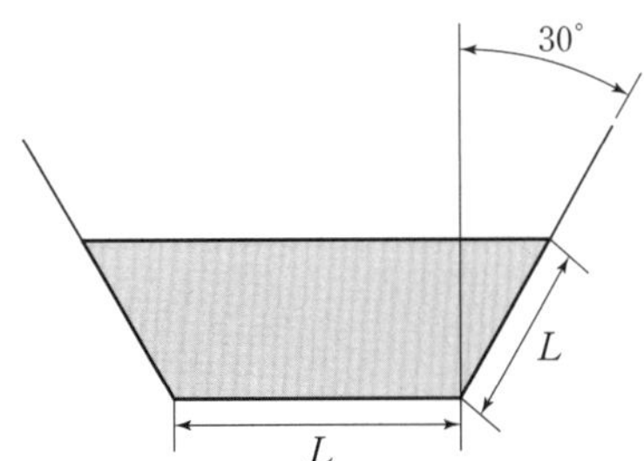

⑬ 부차적 손실 수두

돌연 확대관의 손실 수두 $H_L=\frac{(V_1-V_2)^2}{2g}$

돌연 축소관의 손실 수두 $H_L=\frac{V_2^2}{2g}\left(\frac{1}{C_c}-1\right)^2$

관 부속품의 손실 수두 $H_L=K\frac{V^2}{2g}$

(K: 관 부속품의 부차적 손실 계수, C_c: 수축 계수)

⑭ 음속

$a=\sqrt{kRT}$ (k: 비열비, R: 기체상수, T: 절대온도)

⑮ 마하각

$\sin\phi=\frac{1}{Ma}$ (Ma: 마하 수)

03 3역학 공식 모음집

❖ 단위계

	구분	거리	질량	시간	힘	동력
절대 단위	MKS	m	kg	sec	N	1kW=102 kgf·m/s
	CGS	cm	g	sec	dyne	W
중력 단위계	공학 단위계	m cm mm	$\frac{1}{9.8}$ kgf·s²/m	sec min	kgf	1 PS=75 kgf·m/s

❖ 무차원 수

명칭	정의	물리적 의미	적용 범위
레이놀드 수	$Re=\frac{\rho VL}{\mu}$	$\frac{\text{관성력}}{\text{점성력}}$	• 점성이 고려되는 유동의 상사 법칙 • 관 속의 흐름, 비행기의 양력·항력, 잠수함
프라우드 수	$F_r=\frac{L}{\sqrt{Lg}}$	$\frac{\text{관성력}}{\text{중력}}$	• 자유 표면을 갖는 유동(댐) • 개수로 수면 위 배 조파 저항
웨버 수	$W_e=\frac{\rho LV^2}{\sigma}$	$\frac{\text{관성력}}{\text{표변상력}}$	표면장력에 관계되는 상사 법칙 적용
마하 수	$Ma=\frac{V}{C}$	$\frac{\text{속도}}{\text{음속}}$	풍동 문제, 유체 기체
코시 수	$Co=\frac{\rho V^2}{K}$	$\frac{\text{관성력}}{\text{탄성력}}$	–
오일러 수	$Eu=\frac{\Delta P}{\rho V^2}$	$\frac{\text{압축력}}{\text{관성력}}$	압축력이 고려되는 유동의 상사 법칙
압력 계수	$P=\frac{\Delta P}{\rho V^2/2}$	$\frac{\text{정압}}{\text{동압}}$	–

❖ 유체 계측

비중량 측정	비중병, 비중계, u자관
점성 측정	낙구식 점도계, 맥미첼 점도계, 스토머 점도계, 오스트발트 점도계, 세이볼트 점도계
정압 측정	피에조미터, 정압관
유속 측정	피트우트관－정압관 $V=C_v\sqrt{2gR\left(\frac{S_o}{S}-1\right)}$ 시차 액주계, 열선 풍속계
유량 측정	벤츄리미터, 노즐, 오리피스, 로타미터 사각 위어 $Q=kH^{\frac{3}{2}}$ 삼각 위어=V, 놋치 위어 $Q=kH^{\frac{5}{2}}$

구멍 가공용 공구의 모든 것

툴엔지니어 편집부 편저 | 김하룡 역 | 4 · 6배판 | 288쪽 | 25,000원

이 책은 드릴, 리머, 보링공구, 탭, 볼트 등 구멍가공에 관련된 공구의 종류와 사용 방법 등을 자세히 설명하였습니다. 책의 구성은 제1부 드릴의 종류와 절삭 성능, 제2부 드릴을 선택하는 법과 사용하는 법, 제3부 리머와 그 활용, 제4부 보링공구와 그 활용, 제5부 탭과 그 활용, 제6부 공구 홀더와 그 활용으로 이루어져 있습니다.

지그 · 고정구의 제작 사용방법

툴엔지니어 편집부 편저 | 서병화 역 | 4 · 6배판 | 248쪽 | 25,000원

이 책은 공작물을 올바르게 고정하는 방법 외에도 여러 가지 절삭 공구를 사용하는 방법에 대해서 자세히 설명하고 있습니다. 제1부는 지그 · 고정구의 역할, 제2부는 선반용 고정구, 제3부는 밀링 머신 · MC용 고정구, 제4부는 연삭기용 고정구로 구성하였습니다.

절삭 가공 데이터 북

툴엔지니어 편집부 편저 | 김진섭 역 | 4 · 6배판 | 176쪽 | 25,000원

이 책은 절삭 가공에 있어서의 가공 데이터의 설정과 동향을 자세히 설명하였습니다. 크게 제2편으로 나누어 절삭 가공 데이터의 읽는 법과 사용하는 법, 밀링 가공의 동향과 가공 데이터의 활용, 그리고 공구 가공상의 트러블과 대책 등을 제시하였습니다.

선삭 공구의 모든 것

툴엔지니어 편집부 편저 | 심증수 역 | 4 · 6배판 | 220쪽 | 25,000원

이 책은 선삭 공구의 종류와 공구 재료, 선삭의 메커니즘, 공구 재료 종류와 그 절삭 성능, 선삭 공구 활용의 실제, 선삭의 주변 기술을 주내용으로 선삭 공구의 기초에서부터 현장실무까지 모든 부분을 다루었습니다.

기계도면의 그리는 법 · 읽는 법

툴엔지니어 편집부 편저 | 김하룡 역 | 4 · 6배판 | 264쪽 | 25,000원

도면의 기능과 역할, 제도 용구의 종류와 사용법, 그리는 법, 읽는 법 등 도면의 모든 것을 다루었습니다.

- 기계 제도에 대한 접근
- 형상을 표시
- 치수를 표시
- 가공 정밀도를 표시
- 기계 도면의 노하우
- 자동화로 되어 가는 기계 제도

엔드 밀의 모든 것

툴엔지니어 편집부 편저 | 김하룡 역 | 4 · 6배판 | 244쪽 | 25,000원

- 엔드 밀은 어떤 공구인가
- 엔드 밀은 어떻게 절삭할 수 있는가
- 엔드 밀 활용의 노하우
- 엔드 밀을 살리는 주변 기술

연삭기 활용 매뉴얼

툴엔지니어 편집부 편저 | 남기준 역 | 4 · 6배판 | 224쪽 | 25,000원

최신 연삭 기술을 중심으로 가공의 기본에서부터 트러블에 대한 대책에 이르기까지 상세히 해설하였습니다.

- 제1장 연삭 가공의 기본
- 제2장 연삭 숫돌
- 제3장 숫돌의 수정
- 제4장 연삭 가공의 실제
- 제5장 트러블과 대책

공구 재종의 선택법 · 사용법

툴엔지니어 편집부 편저 | 이종선 역 | 4 · 6배판 | 216쪽 | 25,000원

제1편 절삭 공구와 공구 재종의 기본에서는 고속도 강의 의미와 고속도 공구강의 변천, 공구 재종의 발달사 등에 대해 설명하였으며, 제2편 공구 재종의 특징과 선택 기준에서는 각 공구 재종의 선택 기준과 사용 조건의 선정 방법을 소개하였습니다. 또, 제3편 가공 실례와 적응 재종에서는 메이커가 권장하는 절삭 조건과 여러 가지 문제점에 대한 해결 방법을 소개하였습니다.

머시닝 센터 활용 매뉴얼

툴엔지니어 편집부 편저 | 심증수 역 | 4 · 6배판 | 240쪽 | 25,000원

이 책은 MC의 생산과 사용 상황, 수직 수평형 머시닝 센터의 특징과 구조 등 머시닝 센터의 기초적 이론을 설명하고 프로그래밍과 가공 실례, 툴 홀더와 시스템 제작, 툴링 기술, 준비 작업과 고정구 등 실제 이론을 상세히 기술하였습니다.

금형설계

이하성 저 | 4 · 6배판 | 292쪽 | 23,000원

우리 나라 금형 공업 분야의 실태를 감안하여 기초적인 이론과 설계 순서에 따른 문제점 분석 및 응용과제 순으로 집필하여 금형을 처음 대하는 사람이라도 쉽게 응용할 수 있도록 하였습니다. 부록에는 도해식 프레스 용어 해설을 수록하였습니다.

머시닝센타 프로그램과 가공

배종외 저 | 윤종학 감수 | 4 · 6배판 | 432쪽 | 20,000원

이 책은 NC를 정확하게 이해할 수 있는 하나의 방법으로 프로그램은 물론이고 기계구조와 전자장치의 시스템을 이해할 수 있도록 저자가 경험을 통하여 확인된 내용들을 응용하여 기록하였습니다. 현장실무 경험을 통하여 정리한 이론들이 NC를 배우고자 하는 독자에게 도움을 줄 것입니다.

CNC 선반 프로그램과 가공

배종외 저 | 윤종학 감수 | 4 · 6배판 | 392쪽 | 19,000원

이 책은 저자가 NC 교육을 담당하면서 현장실무 교재의 필요성을 절감하고 NC를 처음 배우는 분들을 위하여 국제기능올림픽대회 훈련과정과 후배선수 지도 과정에서 터득한 노하우를 바탕으로 독자들이 쉽게 익힐 수 있도록 강의식으로 정리하였습니다. 이 책의 특징은 NC를 정확하게 이해할 수 있는 프로그램은 물론이고 기계구조와 전자장치의 시스템을 이해할 수 있도록 경험을 통하여 확인된 내용들을 응용하여 기록하였다는 것입니다.

(주)도서출판 성안당
04032 서울시 마포구 양화로 127 첨단빌딩 3층(출판기획 R&D센터) TEL_02.3142.0036
10881 경기도 파주시 문발로 112 출판문화정보산업단지(제작 및 물류) TEL_도서:031.950.6300 I 동영상:031.950.6332

저자소개

대표저자 **장태용**

- 현, 서울특별시 산하 공기업 근무
- 전, 5대 발전사(한국중부발전) 근무
- 전, 서울시설공단 근무
- 공기업 기계직렬 시험에 직접 응시하여 최신 경향 파악
- 공기업 기계직렬 전공 블로그 운영

jv5140py@naver.com

공기업 기계직 기출변형문제집

기계의 진리 05

2020. 7. 9. 초 판 1쇄 발행
2021. 1. 7. 초 판 2쇄 발행

지은이 | 장태용, 유창민, 이지윤
펴낸이 | 이종춘
펴낸곳 | **BM** (주)도서출판 **성안당**
주소 | 04032 서울시 마포구 양화로 127 첨단빌딩 3층(출판기획 R&D 센터)
10881 경기도 파주시 문발로 112 파주 출판 문화도시(제작 및 물류)
전화 | 02) 3142-0036
031) 950-6300
팩스 | 031) 955-0510
등록 | 1973. 2. 1. 제406-2005-000046호
출판사 홈페이지 | **www.cyber.co.kr**
ISBN | 978-89-315-3937-0 (13550)
정가 | **19,000원**

이 책을 만든 사람들
기획 | 최옥현
진행 | 이희영
교정·교열 | 류지은
본문 디자인 | 파워기획
표지 디자인 | 임진영
홍보 | 김계향, 유미나
국제부 | 이선민, 조혜란, 김혜숙
마케팅 | 구본철, 차정욱, 나진호, 이동후, 강호묵
마케팅 지원 | 장상범
제작 | 김유석